QUICK START KUBERNETES

Kubernetes快速入门

第2版

[英] 奈吉尔·波尔顿（Nigel Poulton）◎ 著

苏格 ◎ 译

人民邮电出版社

北京

图书在版编目（CIP）数据

Kubernetes快速入门 / (英) 奈吉尔·波尔顿 (Nigel Poulton) 著 ; 苏格译. -- 2版. -- 北京 : 人民邮电出版社, 2024.2
ISBN 978-7-115-63579-2

Ⅰ. ①K… Ⅱ. ①奈… ②苏… Ⅲ. ①Linux操作系统—程序设计 Ⅳ. ①TP316.85

中国国家版本馆CIP数据核字(2024)第018387号

版权声明

◆ 著　　　　[英] 奈吉尔·波尔顿（Nigel Poulton）
　译　　　　苏　格
　责任编辑　孙喆思
　责任印制　王　郁　马振武
◆ 人民邮电出版社出版发行　　北京市丰台区成寿寺路 11 号
　邮编　100164　　电子邮件　315@ptpress.com.cn
　网址　https://www.ptpress.com.cn
　固安县铭成印刷有限公司印刷
◆ 开本：880×1230　1/32
　印张：4.25　　　　2024 年 2 月第 2 版
　字数：86 千字　　　　2024 年 2 月河北第 1 次印刷
著作权合同登记号　图字：01-2023-6151 号

定价：59.00 元

读者服务热线：(010)81055410　印装质量热线：(010)81055316
反盗版热线：(010)81055315
广告经营许可证：京东市监广登字 20170147 号

内容提要

本书是 Kubernetes 的快速入门指南，书中不但介绍了 Kubernetes 是什么、为什么需要 Kubernetes，而且介绍了 Kubernetes 的发展方向。在理论层面，读者将学到微服务、编排、Kubernetes 为什么成为云的操作系统和 Kubernetes 集群的架构等方面的内容；在实践层面，读者将学会构建一个集群、容器化应用、部署应用、破坏应用，还会看到 Kubernetes 修复应用、扩缩容应用，并完成应用的更新。

本书将理论与实践相结合，适合任何需要快速掌握 Kubernetes 基础知识的人阅读。无论是技术型读者还是非技术型读者都将从本书中获益匪浅。

译者序

虽然 Kubernetes 刚刚兴起不久，但它是谷歌十几年来大规模应用容器技术的经验积累和升华的重要成果。确切地说，Kubernetes 是谷歌严格保密十几年的秘密武器 Borg 的一个开源版本。Borg 是谷歌的一个久负盛名的内部使用的大规模集群管理系统，它基于容器技术，目的是实现资源管理的自动化，以及跨多个数据中心资源利用率的最大化。正是因为站在 Borg 这个前辈的肩膀上，汲取了 Borg 过去十几年间的经验与教训，所以 Kubernetes 一经开源就一鸣惊人，并迅速称霸容器领域。

本书作者的写作初衷是带着读者边做边学，帮助读者掌握 Kubernetes 最核心的知识，包括使用 Kubernetes 构建集群、进行容器化应用的部署、扩缩容等。对想要快速掌握 Kubernetes 基础知识的读者而言，本书会是一个不错的起点。

书中所涉及的部分专业术语与概念尚无公认的中文译法，因此我较多地参考了网络上和研究论文中常用的译法，若读者阅读过程中有理解起来比较吃力的术语，可根据原词确认其原始词意。在翻译过程中，虽然我力求准确地反映原著内容，但由于水平有限，如有错漏之处，恳请读者批评指正。

最后要感谢人民邮电出版社的编辑和校对人员，他们为保证本书的质量做了大量的编辑和校正工作，在此深表谢意。

苏格

前言

顾名思义，这是一本 Kubernetes 的快速入门指南。本书并不涵盖关于 Kubernetes 的所有方面，只是介绍重要的部分。不过，本书尽可能清晰地以一种引人入胜的方式介绍相关内容，并将理论与实践完美结合。

这旨在揭开 Kubernetes 的神秘面纱，并让你获得一些实践经验。

目标读者

本书的目标读者是任何需要快速掌握 Kubernetes 基础知识的人，如果你喜欢边做边学，本书会是不错的选择。

本书将理论与实践相结合，是多年精心打造的结果，无论是技术型读者还是非技术型读者都将从本书中获益匪浅。因此，无论你从事的是市场营销、管理和架构设计工作，还是在实践中需要用到 Kubernetes 的人员，本书都会让你爱不释手。

本书并不能让你成为专家，但它会带你开启成为专家的旅程。

读完本书，你就可以与他人就 Kubernetes 展开交流了。

本书的版本

本书的英文版可以在 Amazon 上买到，包括平装版和 Kindle 版。本书的英文版电子书可以在 Leanpub 上买到。

本书其他语言的翻译版本可以在 Amazon 和 Leanpub 上买到，包括法语版、德语版、印地语版、意大利语版、葡萄牙语版、俄语版、简体中文版、西班牙语版。

术语和负责任的语言

在本书中，Kubernetes API 对象采用首字母大写的方式。

更简单地说，Kubernetes 的特征（feature），如 Pod 和 Service，都用了首字母大写的方式。

本书遵守了“包容性命名倡议”（Inclusive Naming Initiative）的指导原则，该倡议提倡大家使用负责任的语言。例如，Kubernetes 项目将可能有害的术语“主节点”换成了“控制面板节点”，本书采取了同样的做法，力图遵守“包容性命名倡议”的指导原则。

作者简介

我是 Nigel Poulton（@nigelpoulton）。我住在英国，是一个技术控，我热衷于与云、容器和 WebAssembly 这样的技术打交道，对我而言这就是梦想的生活。

我早期的职业生涯深受马克·米纳西（Mark Minasi）的 *Mastering Windows Server 2000* 一书的影响。这让我充满了写自己的书的激情，我也希望我的书能像马克的书影响了我的生活和职业生涯那样影响人们的生活和职业生涯。从那时起，我写了几本畅销书，包括《数据存储网络》(*Data Storage Networking*)、《深入浅出 Docker》(*Docker Deep Dive*）和《Kubernetes 修炼手册》(*The Kubernetes Book*)。能接触到这么多人我感到非常荣幸，我真的对我收到的所有反馈都心存感激。

我还制作了 Docker、Kubernetes 和 WebAssembly 的视频培训课程。我的视频寓教于乐，甚至偶尔会令人捧腹大笑（不是我自夸）。

在我的个人网站上，你可以找到我所有的书、视频、博客、简讯，以及其他有助于你学习的资料。

工作之余，我就是在陪伴家人。我也喜欢驾驶美国的肌肉车、指导青少年踢足球、阅读科幻小说。

欢迎大家通过推特、领英、我的个人网站、电子邮件等方式与我联系。

示例应用

本书实践性很强，它有一个示例应用。这是一个简单的 Node.js 应用，可在本书的 GitHub 仓库中找到。

即使你不是一个开发者，也不要对应用和 GitHub 感到有压力。本书的重点是 Kubernetes，而不是这个示例应用。另外，在谈论这个示例应用时，本书将用通俗的语言解释一切，你不必知道如何使用 GitHub。

示例应用的代码在 `App` 文件夹中，包括以下文件。

- app.js：这是示例应用的主文件，它是一个 Node.js 网络应用。
- bootstrap.css：这是示例应用的网页设计模板。
- package.json：这个文件列出了示例应用的所有依赖。
- views：这是一个存放示例应用网页内容的文件夹。
- Dockerfile：这个文件告诉 Docker 如何将示例应用构建成一个容器。

如果你现在就要下载这个应用，可以执行下面的命令，为此需要在你的计算机上安装 `git`。如果你还没有安装 `git`，也没有关系，本书后面将演示如何获取 git 并下载这个应用。

```
$ git clone https://github.com/nigelpoulton/qsk-book.git
$ cd qsk-book
```

这个应用每年至少维护一次，以检查软件包的更新和已知的漏洞。

资源与支持

资源获取

本书提供如下资源：

- 本书源代码；
- 本书思维导图；
- 异步社区 7 天 VIP 会员。

要获得以上资源，您可以扫描下方二维码，根据指引领取。

提交勘误

作者和编辑尽最大努力来确保书中内容的准确性，但难免会存在疏漏。欢迎您将发现的问题反馈给我们，帮助我们提升图书的质量。

当您发现错误时，请登录异步社区（https://www.epubit.com），按书名搜索，进入本书页面，点击“发表勘误”，输入勘误信息，点击“提交勘误”按钮即可（见下页图）。本书的作者和编辑会对您提交的勘误进行审核，确认并接受后，您将获赠异步社区的 100 积分。积分可用于在异步社区兑换优惠券、样书或奖品。

与我们联系

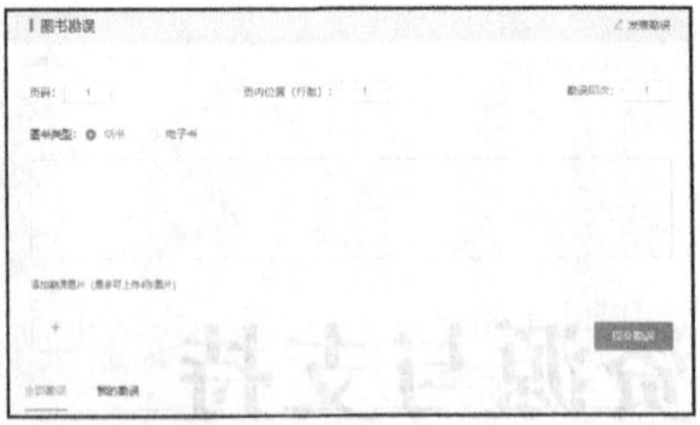

我们的联系邮箱是 contact@epubit.com.cn。

如果您对本书有任何疑问或建议，请您发邮件给我们，并请在邮件标题中注明本书书名，以便我们更高效地做出反馈。

如果您有兴趣出版图书、录制教学视频，或者参与图书翻译、技术审校等工作，可以发邮件给本书责任编辑（sunzhesi@ptpress.com.cn）。

如果您所在的学校、培训机构或企业，想批量购买本书或异步社区出版的其他图书，也可以发邮件给我们。

如果您在网上发现有针对异步社区出品图书的各种形式的盗版行为，包括对图书全部或部分内容的非授权传播，请您将怀疑有侵权行为的链接发邮件给我们。您的这一举动是对作者权益的保护，也是我们持续为您提供有价值内容的动力之源。

关于异步社区和异步图书

“异步社区”（www.epubit.com）是由人民邮电出版社创办的 IT 专业图书社区，于 2015 年 8 月上线运营，致力于优质内容的出版和分享，为读者提供高品质的学习内容，为作译者提供专业的出版服务，实现作者与读者在线交流互动，以及传统出版与数字出版的融合发展。

“异步图书”是异步社区策划出版的精品 IT 图书的品牌，依托于人民邮电出版社在计算机图书领域 40 余年的发展与积淀。异步图书面向 IT 行业以及各行业使用相关技术的用户。

目录

第 1 章　Kubernetes 简介

本章的目标很简单——尽可能以最清晰的方式描述 Kubernetes。

从本质上说，Kubernetes 是云原生微服务（cloud-native microservice）应用的编排器（orchestrator）。

在上面这么短的一个句子里有这么多让人头痛的术语。那么，接下来我先解释一下这些术语：

- 微服务；
- 云原生；
- 编排器。

1.1　何为微服务

在过去，开发人员构建和部署的是单体应用（monolithic application）。这是比较专业的说法，在单体应用中每个功能都被捆绑在一起作为单个大的包，如图 1-1 所示。Web 前端、认证、日志生成、数据存储、报告系统等被紧密地耦合在一起，捆绑成一个应用。这意味着，如果想改变某个部分，必须改变每一部分。

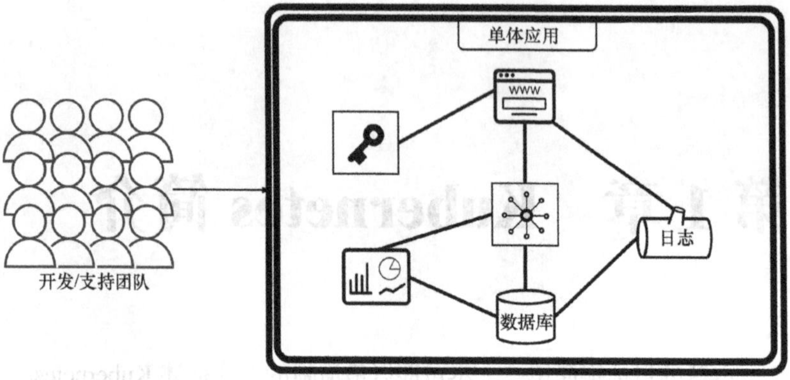

图 1-1

举个简单的例子，如果需要修补或更新图 1-1 中的应用的报告功能，必须关闭整个应用并修补/更新整个应用。像这样的工作需要详尽的计划，面临巨大的风险且十分复杂，通常还不得不在漫长无聊的周末和大家一起加班完成。

但是，单体应用带来的痛苦还不止于此。如果想对它们的某个功能进行扩缩容，不得不对整个单体应用扩缩容。

基本上，应用的每个功能都被作为一个单体的单元捆绑、部署、升级和扩缩容，这是很笨拙的，显然不是很理想。

另外，微服务应用采用完全相同的一组功能——Web 前端、认证、日志生成、数据存储、报告系统等，并将每个功能拆分为自己的小应用。“小”的另一个词是“微”，“应用”的另一个词是“服务”。这就是“微服务”这个术语的由来。

如果仔细观察图 1-2 你会发现，它就是和图 1-1 完全相同的一组应用功能。不同的是，每个功能都是独立开发、独立部署的，并且可以独立更新和扩缩容。但它们依然协同工作，创造与单体应用完全相同的应用体验。

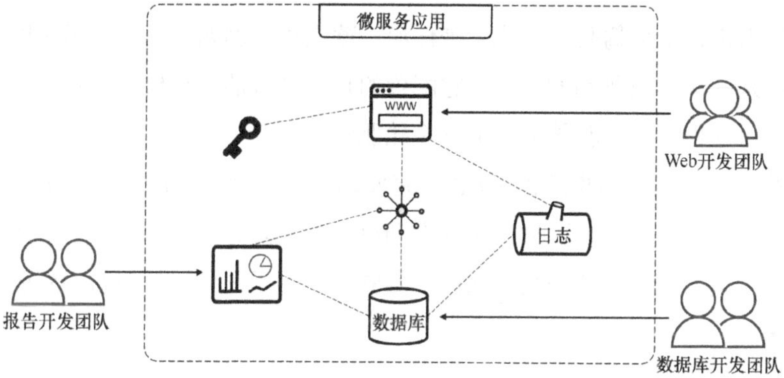

图 1-2

最常见的模式是每个微服务都作为独立的容器来开发和部署。例如，Web 前端微服务会是一个容器，认证微服务会是另一个不同的容器，报告系统微服务又会再是不同的容器，以此类推。每个微服务都是独立的，但又是通过网络松散耦合的，以创建相同的应用体验。

通过设计让微服务之间是松散耦合的，这是修改一个微服务而不影响其他微服务的基础。从技术上讲，每个微服务都通过 IP 网络暴露一个 API，让其他微服务能够通过这个 API 来使用它。

如果不熟悉 API 这个概念，下面这个类比对你可能会有所帮助。

汽车的外形和大小各异，它们配置的可能是直列四缸、水平对卧六缸、八缸的发动机，甚至可能是电动发动机。但是，所有这些复杂的细节都通过使用标准化控制器——方向盘、加速器、刹车踏板和车速表对驾驶员隐藏了。在这个模型中，控制器相当于汽车的 API——驾驶员通过它们来使用汽车的功能。这种模型的一个主要优点是，学会驾驶后就能驾驶任何一款汽车。例如，我学开车时用的是一辆前轮驱动的汽车，它配置的是四缸汽油发动机，但我无须学习任何新的驾驶技能就能开全轮驱动的电动汽车，这就是因为标准化的方向盘和脚踏板（API）将发动机和传动系统的复杂细节隐藏起来了。同样，更换汽车的发动机、替换其方向盘和轮胎、升级其排气系统后，驾驶员依然能够驾驶它，而无须学习任何新的驾驶技能。

回到正题——微服务应用。只要没有修改微服务的 API，就可以在其他微服务和应用用户不会注意到的情况下对微服务进行修补或更新。

除了让微服务能够独立地更新和扩缩容，微服务设计模式还让开发团队更小、更敏捷，能够更快地迭代功能。这是基于 Jeff Bezos 提出的两块比萨团队规则（two pizza team rule）——如果你不能用两块比萨养活一个开发团队，那么这个团队就太大了。一般来说，与大团队相比，2～8 人团队的沟通和合作的职场政治因素会更少，也会更敏捷。

微服务设计模式还有其他优点，但希望你能明白——将功能开发成独立的微服务，可以在不影响应用任何部件的情况下对它们进行开发、部署、更新、扩缩容等。

但是，微服务并不完美。如果有很多由不同团队管理的移动部件，微服务可能会变得很复杂，这需要谨慎的管理和良好的沟通。

最后，这两种设计应用的方式——单体与微服务——被称为设计模式。微服务设计模式是当前云时代最常见的模式。

1.2 何为云原生

因为前面已经涵盖了云原生的一些内容，所以现在说起来就比较容易了。

一个云原生应用必须能够：

- 按需扩缩容；
- 自我修复；
- 支持滚动更新；
- 可以在任何有 Kubernetes 的地方运行。

让我们花点儿时间来定义其中一些流行术语的含义。

*按需扩缩容*是指应用和相关基础设施为了满足当前需求自动增长和收缩的能力。例如，在线零售应用可能需要在特殊的假期增加基础设施和应用资源，然后在假期结束时缩小规模。如果配置正确，Kubernetes 可以在需求增加时自动对应用和基础设施进行扩容，也可以在需求下降时对它们进行缩容。

这不仅有助于企业对突发变化做出更快速的反应，还能在缩容时帮助其降低基础设施的成本。

Kubernetes 还可以自我修复应用和单个微服务，这需要更多关于 Kubernetes 的知识，将会在后面介绍。但现在要知道的是，当用户把一个应用部署到 Kubernetes 时，用户告诉 Kubernetes 这个应用应该是什么样子。例如，每个微服务有多少个实例，应该连接到哪些网络。Kubernetes 将其保存为*期望状态*（desired state），并监视应用，以确保它始终与*期望状态*匹配。如果有什么变化，例如，某个微服务崩溃，Kubernetes 会注意到这一点，并启动一个副本作为替代，这就是所谓的*自我修复*或*弹性*。

*滚动更新*是一种在不让应用离线甚至客户不会注意到的情况下更新应用的某些部分的能力。它改变了现代商业世界的游戏规则，稍后我们就可以看到它的实际效果。

关于*云原生*还有最后一点要讲。云原生几乎是与公有云无关的，它是一组我们讨论过的功能和能力。因此，云原生应用可以在任何有 Kubernetes 的地方运行，如 AWS、Azure、Linode、本地数据中心或者家中的树莓派集群。

总之，云原生应用是具有弹性的、可以自动扩缩容的，并且可以在不停机的情况下进行更新。它们还可以在任何拥有 Kubernetes 的地方甚至是内部环境运行。

1.3　何为编排器

借助一个类比可以更好地解释编排器这个概念。

一个管弦乐队由一群演奏不同乐器的音乐家组成。每位音乐家都可以用不同的乐器，在演奏开始后发挥着不同的作用，乐器包括小提琴、大提琴、竖琴、双簧管、长笛、单簧管、小号、长号、鼓，甚至三角琴。每一个音乐家在管弦乐队中扮演着不同的角色。

在图 1-3 中，每位乐器都是独立的个体，还没有被指定扮演什么样的角色——这简直是一团糟，鼓甚至是上下颠倒的。

图 1-3

一位指挥家拿着乐谱和指挥棒走过来，维持秩序。她把弦乐器都安排到舞台前面，木管乐器安排在中间，铜管乐器安排在后面一点儿，打击乐器安排在后面高一些的地方。她还指挥一切，告诉每组乐器什么时候演奏、演奏多大声以及以什么速度演奏。

简而言之，指挥家将图 1-3 中的混乱情况变成如图 1-4 所示那样井井有条，以确保音乐按照作曲家的意图演奏。

云原生微服务应用就像管弦乐队。

每个云原生应用都是由很多小的微服务组成的，它们各司其职：有的服务于 Web 请求，有的用于认证会话，有的进行日志记录，有的用于持久化数据，还有一些生成报告。但就像一个管弦乐队一样，它们需要有人或某种东西将它们组织成一个有用的应用。

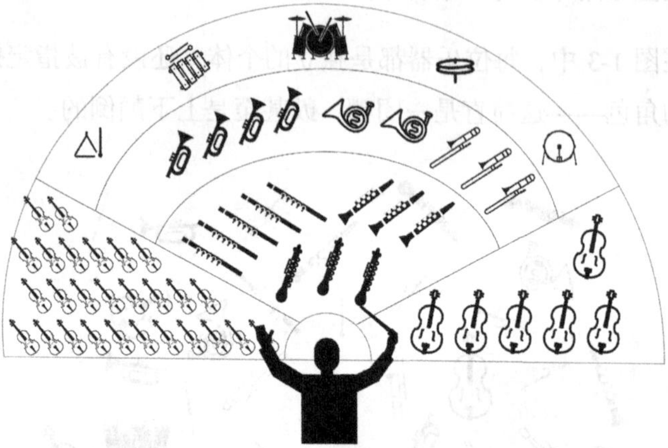

图 1-4

由此，我们真正走进 Kubernetes 世界。

Kubernetes 将独立的微服务组织成一个有意义的应用，如图 1-5 所示。如前所述，它可以对应用进行扩缩容、自我修复和更新等操作。

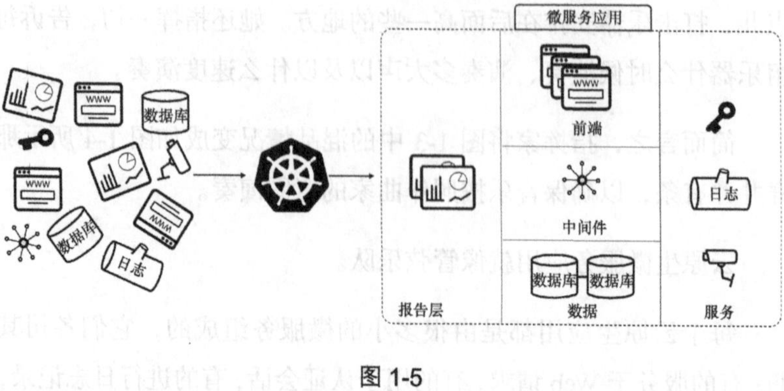

图 1-5

总之，像 Kubernetes 这样的编排器将不同的微服务组合在一起，并将它们组织成一个有用的应用。它还提供并管理云原生功能，如扩缩容、自我修复和更新。

1.4 Kubernetes 的补充知识

"Kubernetes" 这个名字来自希腊语，意思是"舵手"。舵手是一个航海/航行术语，指掌舵的人，如图 1-6 所示。

图 1-6

船的轮子称为"舵"，这显然是 Kubernetes 标志（如图 1-7 所示）的由来。

然而，如果仔细观察，你会发现 Kubernetes 标志的轮子有 7 根辐条，而不是通常的 6 根或 8 根。这是因为 Kubernetes 最初是基于谷歌公司的一个内部工具 Borg 开发的，而创始人想用著名的《星际迷航》中的博格个体“九之七”(Seven of Nine)来命名 Kubernetes。

图 1-7

如果你非常熟悉《星际迷航》就会知道，“九之七”是在星历 25479 年被凯瑟琳·珍妮薇（Kathryn Janeway）舰长指挥的航海家号船员救出的博格个体。遗憾的是，版权法不允许 Kubernetes 使用“九之七”这个名字，但 Kubernetes 的创始人希望以某种形式引用 Borg 和《星际迷航》的典故，所以他们赋予了标志 7 个辐条，以这样一种微妙的方式向“九之七”致敬。

你也许还看到 Kubernetes 被简称为“K8s”，其中的“8”代表 Kubernetes 中“K”和“s”之间的 8 个字符。一般来说，它的发音为“kates”，这也是人们开玩笑说 Kubernetes 的女朋友叫 Kate 的原因。

这些都不会让你更善于部署和管理云原生微服务应用，但这是很有用的背景知识。

1.5 小结

在本章的开始，我们说 Kubernetes 是云原生微服务应用的编排器。

在消除了专业术语的障碍之后，你知道这意味着“Kubernetes 运行和管理由小型专用部件组成的应用，这些应用可以自我修复、扩缩容和独立更新，而无须停机。”这些专用部件称为微服务，每个微服务通常部署在自己的容器中。

但是，要学的东西还有很多，你不能指望现在就什么都懂。我们会继续解释这些东西，并且会通过大量的例子进行实践，从而真正掌握这些知识。

第 2 章　为什么需要 Kubernetes

我将把本章分为两部分：

- 为什么科技公司需要 Kubernetes；
- 为什么用户社区需要 Kubernetes。

这两点都很重要，并且这两点也解释了 Kubernetes 为何能够长期存在的问题。其中一些观点也会帮助你在开始使用 Kubernetes 时避免潜在的陷阱。

2.1　为什么科技公司需要 Kubernetes

这一切都从 AWS 开始。

在 2000 年中后期，亚马逊向科技行业的后方发射了一枚火箭，世界从此变得不同。

在 2006 年之前，科技行业的状况是科技巨头通过销售服务器、网络交换机、存储阵列、单体应用的许可证和许多其他东西很容易赚钱。后来，亚马逊推出了 AWS，颠覆了世界。这就是现代云计算的诞生。

起初，没有一家大科技公司把这件事放在心上——大公司都忙于销售自己已经卖了几十年的旧东西来赚钱。事实上，一些科技巨头认为它们可以通过粗暴地散布错误信息来结束 AWS 的威胁。许多科技巨头一开始就说云不是一个真实的东西。然而，这种说法没起作用，于是它们的态度发生了 180 度的大转变，承认云是真实的，并立即将它们现有的遗留产品重新命名为“云”。这一招也不管用，于是它们开始搭建自己的云和云服务，从那时起，它们就一直在追赶 AWS 的脚步。

有两件事需要注意：首先，以上是来自 Nigel 的浓缩版云计算历史；其次，最初由科技行业传播的错误信息被称为恐惧、不确定性和怀疑（fear uncertainty and doubt，FUD）。

总之，让我们来了解一下更多细节。

一旦 AWS 开始挖走客户和未来的业务，该行业就需要反击。他们的第一次反击是 OpenStack。长话短说，OpenStack 是一个社区项目，它试图创造一个 AWS 的开源替代品。这是一个宏伟的项目，很多优秀的人为其做出了贡献。但是，最终它根本没威胁到 AWS——亚马逊有巨大的先发优势，并且正在以惊人的速度进行创新，而且做好了充分的准备。OpenStack 很努力，但 AWS 轻松地维护了自己的地位。

因此，这个行业又回到了原点。

在这一切发生的时候，甚至在这之前，谷歌正在使用 Linux 容器来大规模地运行其大部分服务。谷歌每周都在部署数十亿容器，这并不是什么秘密。用于调度和管理这数十亿容器的是一款专用的内部工具，称为 Borg。谷歌毕竟是谷歌，它从 Borg 中吸取了很多教训，并构建了名为 Omega 的新系统。

总之，谷歌公司内部的一些人想利用从 Borg 和 Omega 中吸取的教训，创造出更好的开源工具供社区使用，这就是 Kubernetes 在 2014 年夏天出现的原因。

Kubernetes 不是 Borg 或 Omega 的开源版本。它是一个全新的项目，从头开始构建，是一个开源的容器化应用编排器。它与 Borg 和 Omega 的联系在于，其最初的开发者是参与 Borg 和 Omega 的谷歌员工，而且它是利用从这些谷歌内部专有技术中吸取的经验教训创造出来的。

回到关于 AWS“吃”所有人的蛋糕的故事……

2014 年谷歌开源 Kubernetes 的时候，Docker 正在风靡全球。因此，Kubernetes 主要被看作一个帮助用户管理爆炸式增长的容器的工具。尽管这是事实，但这只是这个故事的一半。Kubernetes 在抽象化底层云和服务器基础设施方面也做得很好——基本上将基础设施商品化。

花几秒来消化一下最后一句话。

“抽象化和商品化基础设施”是比较专业的说法，意思是 Kubernetes 使用户不必关心应用是在谁的云或服务器上运行。事实上，这就是 Kubernetes 是云的操作系统（OS）这一概念的核心所在。就像 Linux 和 Windows 意味着用户不必关心应用是运行在戴尔、思科、慧与（HPE）上还是运行在 Nigel Poulton 服务器上一样，Kubernetes 意味着用户不必关心应用是运行在 AWS 上、运行在 Azure 上，还是运行在 Nigel Poulton 云上。

云的抽象化意味着 Kubernetes 为科技行业提供了一个抹去 AWS 价值的机会——只要把应用写到 Kubernetes 上运行，下面是谁的云就没有区别了。多亏有 Kubernetes，竞争环境被拉平了。

消除 AWS 价值的能力是每个厂商都对 Kubernetes 情有独钟，并将其置于其产品的前沿和中心的主要原因。这也为 Kubernetes 创造了一个强大、光明和长远的未来；反过来，这也为用户社区提供了一个安全的、不受厂商影响的平台，让他们能够把云计算的未来建在这一基础上。

2.2　为什么用户社区需要 Kubernetes

我们刚刚为 Kubernetes 的长远且光明的未来解释了原因——所有科技巨头都在支持它。事实上，它发展得如此迅速，变得如此重要，甚至连亚马逊都接受了它。没错，即使是强大的亚马逊和 AWS 也无法忽视 Kubernetes。

不管怎么说，用户社区需要建立在这样的平台上，因为他们知道这些平台将是一个良好的长期技术投资。从目前的情况来看，Kubernetes 看起来会和我们在一起很长一段时间。

用户社区需要并喜爱 Kubernetes 的另一个原因是 Kubernetes 作为云的操作系统的概念。

前面已经说过，Kubernetes 可以抽象出较低层次的本地和云基础设施，使用户可以编写可在 Kubernetes 上运行的应用，而无须知道背后是哪个云。这带来了一些好处，包括以下几点：

- 可以部署时随时在不同的云间进行切换；
- 可以实现多云；
- 可以更轻松地在云和本地之间过渡。

基本上，为 Kubernetes 编写的应用可以在任何有 Kubernetes 的地方运行。这很像为 Linux 编写的应用——只要你编写的应用能在 Linux 上运行，无论 Linux 是运行在你的超微（Supermicro）服务器上，还是运行在地球另一端的 AWS 云实例上，都没有关系。

所有这些对终端用户来说都是好事。毕竟，谁不想有一个灵活并且很有前景的平台呢？

2.3 小结

在本章中，你了解到科技巨头需要 Kubernetes 来获得成功。这让 Kubernetes 的未来充满希望，使其成为用户和公司寄予希望的安全平台。Kubernetes 也像 Linux 和 Windows 等操作系统一样，对底层基础设施进行了抽象。这就是它被称为云的操作系统的原因。

第 3 章 Kubernetes 集群构成

前面说过，Kubernetes 是云的操作系统。顾名思义，它位于应用和基础设施之间。Kubernetes 运行在基础设施上，而应用运行在 Kubernetes 上，如图 3-1 所示。

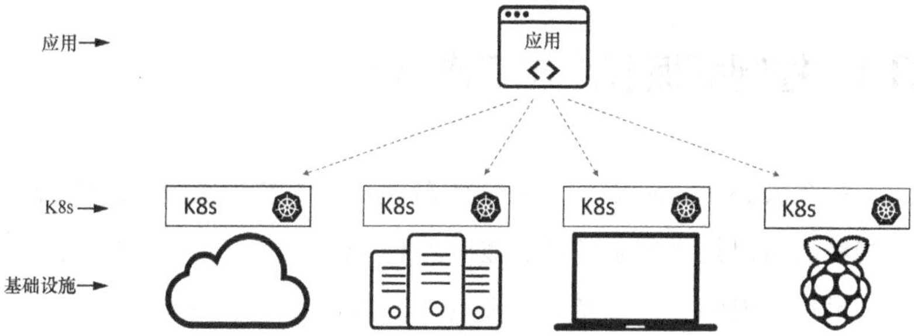

图 3-1

图 3-1 显示了在 4 种不同的基础设施平台上运行的 4 个 Kubernetes 装置。由于 Kubernetes 抽象了底层的基础设施，因此图 3-1 顶部的应用可以在任何一个 Kubernetes 装置上运行，也可以在不同的 Kubernetes 装置之间进行迁移。

我们称一个 Kubernetes 装置为 Kubernetes 集群（cluster）。

关于图 3-1，还有两点需要说明一下。

首先，一个 Kubernetes 集群跨越多种基础设施的情况并不常见。例如，你不可能看到单个 Kubernetes 集群跨多个云，也不太可能看到集群跨本地和公有云，这主要是受网络速度和可靠性的制约。Kubernetes 需要集群中的节点通过可靠的低延迟网络进行连接。

其次，尽管 Kubernetes 可以在许多平台上运行，但容器有更严格的要求。本章后面可以看到这一点——Windows 容器只能在有 Windows 节点的 Kubernetes 集群上运行，Linux 容器只能在有 Linux 节点的集群上运行。这同样适用于 CPU 架构——为 ARM64 架构构建的容器不会运行在 Aarch64 集群节点上。

3.1 控制面板节点与工作节点

一个 Kubernetes 集群是一台或多台安装了 Kubernetes 的机器。这些机器可以是物理服务器、虚拟机（virtual machine，VM）、云实例、笔记本电脑、树莓派等。在这些机器上安装 Kubernetes，并将它们连接在一起，就形成了一个 Kubernetes 集群；然后，就可以将应用部署到这个集群中。

我们通常把 Kubernetes 集群中的机器称为节点（node）。

说到节点，Kubernetes 集群有两种类型的节点：

- 控制面板节点（control plane node）；
- 工作节点（worker node）。

在一些旧文档中可能会将控制面板节点称为“主节点”。这个术语已被包容性命名倡议（Inclusive Naming Initiative）淘汰，这个倡议旨在避免在技术项目中使用可能有害的语言。

控制面板节点托管着内部 Kubernetes 服务，而工作节点是运行用户应用的地方。

图 3-2 展示的是一个由 6 个节点组成的 Kubernetes 集群，它有 3 个控制面板节点和 3 个工作节点。推荐的做法是，所有的用户应用都只在工作节点上运行，让控制面板节点运行 Kubernetes 系统服务。

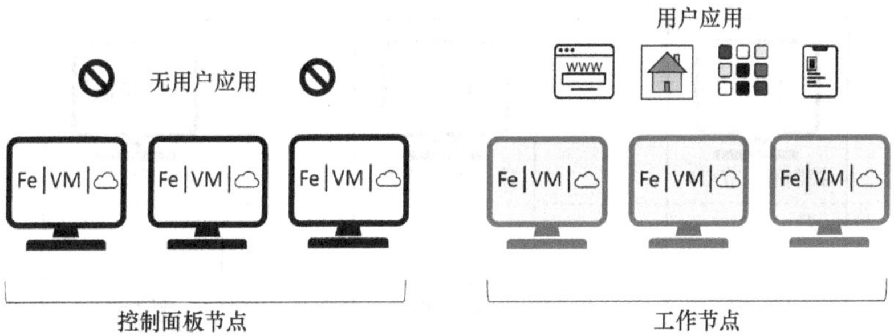

图 3-2

3.2 控制面板节点

控制面板节点托管着内部 Kubernetes 系统服务，这些服务是确保 Kubernetes 正常运行不可或缺的，统称为控制面板。控制面板可能听起来太过专业，但它不过是一种花哨的说法，意思是 Kubernetes 的大脑。

考虑到这一点，一种很好的做法是配多个控制面板节点来实现高可用性（high availability，HA）。这样一来，如果其中一个出现故障，集群仍然可以继续运行。在真实世界中，生产集群中通常有 3 或 5 个控制面板节点，并且它们分散在不同的故障域中——不要把它们放在同一个有故障的电源上的同一个漏水的空调装置下的同一块地砖上。

图 3-3 中是一个有 3 个节点的高可用控制面板，每个节点都在一个独立的故障域中，有独立的网络和电力基础设施等。

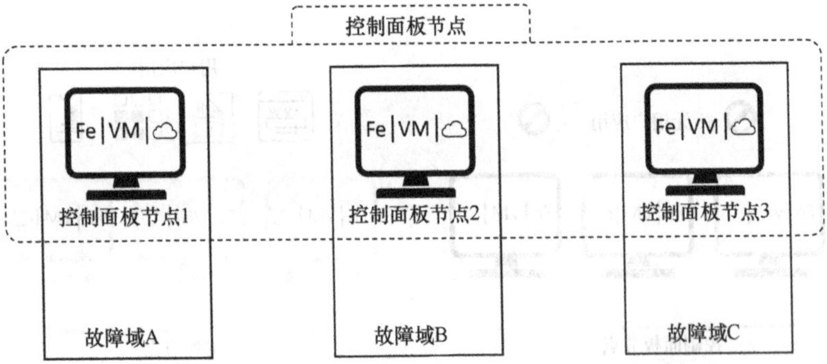

图 3-3

控制面板节点运行以下服务，它们共同组成了控制面板（集群的大脑）：

- API 服务器（API server）；
- 调度器（scheduler）；
- 存储器（store）；
- 云控制器（cloud controller）；

- ……

API 服务器是 Kubernetes 集群中你**唯一**能够直接交互的部分。例如，当你向集群发送的命令被送到 API 服务器时，你收到的响应也都来自 API 服务器。

调度器选择在哪些工作节点上运行用户应用。

存储器是存储集群和所有应用的状态的地方。

云控制器允许 Kubernetes 与云服务（如存储和负载均衡器）集成。后面几章的实践案例会把云负载均衡器与部署到 Kubernetes 集群的应用整合在一起。

Kubernetes 控制面板中还有更多服务，但上面这些是本书的重要内容。

3.3 工作节点

工作节点是运行用户应用的地方，可以是 Linux 工作节点，也可以是 Windows 工作节点。一个集群中可同时包含 Linux 工作节点和 Windows 工作节点，Linux 应用运行在 Linux 工作节点上，而 Windows 应用运行在 Windows 工作节点上，如图 3-4 所示。

所有工作节点都在运行下列服务，值得了解一下：

- `kubelet`;
- 容器运行时。

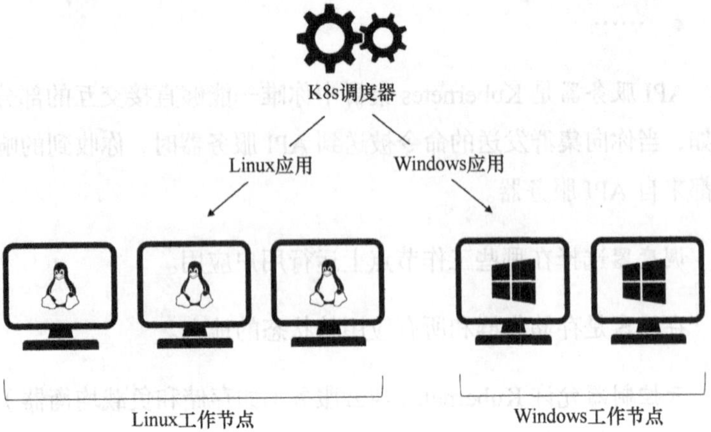

图 3-4

kubelet 是主 Kubernetes 代理（agent）。它将工作节点加到集群中，并与控制面板进行通信，如接收任务和报告任务的状态。

容器运行时负责启动和停止容器。

虽然容器运行时属于低级工具，超出了本书探讨的范围，但明白下面的内容还是很重要的。

Kubernetes 最初使用的容器运行时是 Docker，但 Kubernetes 于 2016 年引入了容器运行时接口（container runtime interface，CRI），让这一层变成可插拔的。因此，可供选择的容器运行时有很多。Containerd 是简化版的 Docker，是当今 Kubernetes 集群最流行的容器运行时。Containerd 全面支持 Docker 创建的容器镜像。

运行时的选择是一个低级别的任务，超出了本书的讨论范围，想了解更多细节，可以参阅《Kubernetes 修炼手册》（*The Kubernetes Book*）。

3.4 被托管的 Kubernetes

被托管的（hosted）Kubernetes 是一种消费模型，指云提供商向你出租一个 Kubernetes 集群，有时我们称其为 Kubernetes 即服务（Kubernetes as a service）。

在后面各章中你将会看到，被托管的 Kubernetes 是获得 Kubernetes 最简单的方法之一。

在托管模式下，云提供商构建了 Kubernetes 集群，拥有控制面板，并负责以下所有事项：

- 控制面板的性能；
- 控制面板的可用性；
- 控制面板的更新。

而用户通常要负责以下事项：

- 工作节点；
- 用户应用；
- 支付费用。

被托管的 Kubernetes 的基本架构如图 3-5 所示。

大多数云提供商都有托管的 Kubernetes 服务，下面是一些比较流行的：

- AWS——Elastic Kubernetes Service（EKS）；

- Azure——Azure Kubernetes Service（AKS）;
- Civo Cloud Kubernetes;
- DO——Digital Ocean Kubernetes Service（DOKS）;
- GCP——Google Kubernetes Engine（GKE）;
- Linode——Linode Kubernetes Engine（LKE）。

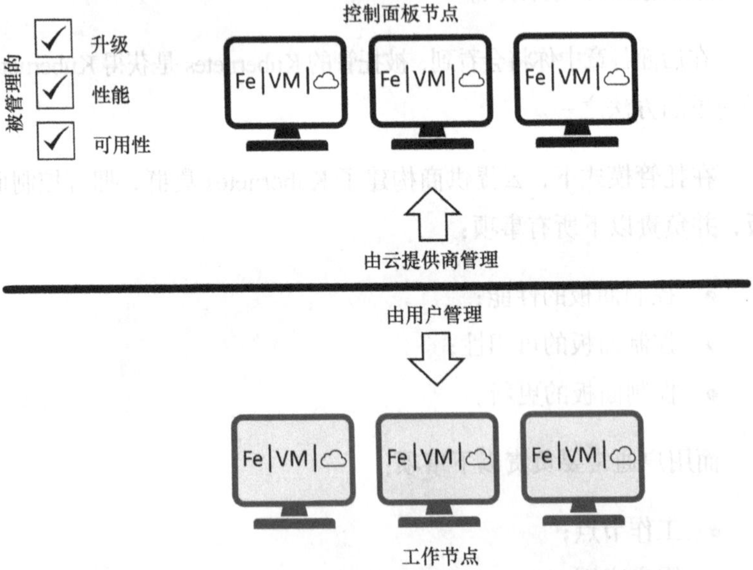

图 3-5

当然，并不只是上面列出的这些，而且不是所有的托管的 Kubernetes 服务都是一样的。举个简单的例子，LKE 是配置和使用最简单的一个。然而，它缺乏其他公司提供的一些功能和配置选项。在决定哪一个托管的 Kubernetes 服务最适合你之前，你应该先尝试几个。

3.5 用 kubectl 命令行工具管理 Kubernetes

Kubernetes 集群的大部分日常管理可以通过 Kubernetes 命令行工具 `kubectl` 完成。这个工具的名字有很多种发音方法，但我把它念成“kube see tee ell”。

管理任务包括部署和管理应用，检查集群和应用的健康状况，以及执行对集群和应用的更新。

你可以获得适用于 Linux、macOS、Windows 和各种 ARM/Raspberry Pi 相关的操作系统的 `kubectl`。在第 4 章会看到如何安装这个工具。

下面的 `kubectl` 命令列出了集群中的所有节点。

```
$ kubectl get nodes
NAME                 STATUS  ROLES                 AGE   VERSION
qsk-book-server-0    Ready   control-plane,etcd,   15s   v1.26.1
qsk-book-agent-2     Ready   <none>                15s   v1.26.1
qsk-book-agent-0     Ready   <none>                13s   v1.26.1
qsk-book-agent-1     Ready   <none>                10s   v1.26.1
```

在后面几章的实践部分，你会运行大量的命令。

3.6 小结

在本章中，你了解到 Kubernetes 集群由控制面板节点和工作节点组成。这些节点几乎可以在任何地方运行，包括裸机服务器、虚拟机和云中。控制面板节点运行维持集群运行的后端服务，而工作节点则是运行业务应用的地方。

大多数云平台提供托管的 Kubernetes 服务，这让你能很容易得到一个生产级（production-grade）集群，由云提供商管理性能、可用性和更新，你管理工作节点并支付费用。

你还了解到，kubectl 是 Kubernetes 的命令行工具。

第 4 章　获取 Kubernetes

Kubernetes 可运行在各种设备上，从笔记本电脑和家用树莓派集群，到云中的高性能的高可用集群的所有地方。

本章中我将展示两种在笔记本电脑和云上获取 Kubernetes 的简单方法：

- 在笔记本电脑上用 Docker Desktop 获取 Kubernetes；
- 在云上用 Linode Kubernetes Engine（LKE）获取 Kubernetes。

如果你已经有一个可用的 Kubernetes 集群，可以直接使用它。

4.1　在笔记本电脑上用 Docker Desktop 获取 Kubernetes

Docker Desktop 让你能在自己的笔记本电脑上获取一个单节点集群，它非常适合用于开发和学习。它包含 Kubernetes 命令行工具（`kubectl`）和一整套 Docker 工具。

有了这套工具，意味着你可以使用 Docker 将应用构建为容器镜像，并将其部署到 Kubernetes 集群。对一款易于下载和使用的免费工具来说，这已经很不错了。

安装 Docker Desktop

你可以在大多数安装了 Windows 10 或 macOS 的笔记本电脑上安装 Docker Desktop。你可能还需要一个个人账号才能使用 Docker Desktop 和 Docker Hub 的特定功能。个人账号是免费的，让你有权使用足够多的特性来完成本书中的所有例子。进入 Docker 官网，点击 `Sign in` 按钮就可以创建一个账号。

在你喜欢的搜索引擎中输入“download docker desktop”（下载 Docker Desktop），并按照链接下载与你的机器对应的安装程序。下载完成后，不断按 `next` 按钮就可以完成安装程序的安装，这需要管理权限。如果 Windows 提示你安装 WSL 2 组件，选择“yes”（是）。

安装完后，你可能需要手动启动 Docker Desktop。

一旦 Docker Desktop 运行，你可能需要手动启动 Kubernetes。通过点击鲸鱼图标（在 macOS 的顶部菜单栏或 Windows 的右下角系统托盘中），选择 `Preferences`（偏好）→`Kubernetes`，然后选择 `Enable Kubernetes`（启用 Kubernetes）复选框来做到这一点，如图 4-1 所示。

Windows 用户应该把 Docker Desktop 切换到 Linux containers（Linux 容器）模式，以便完成本书后续章节中的例子。要做到这一点，请用右键单击系统托盘中的 Docker 图标，选择 `Switch to Linux containers`（切换到 Linux 容器）。这将使你的 Windows

机器能够运行 Linux 容器。

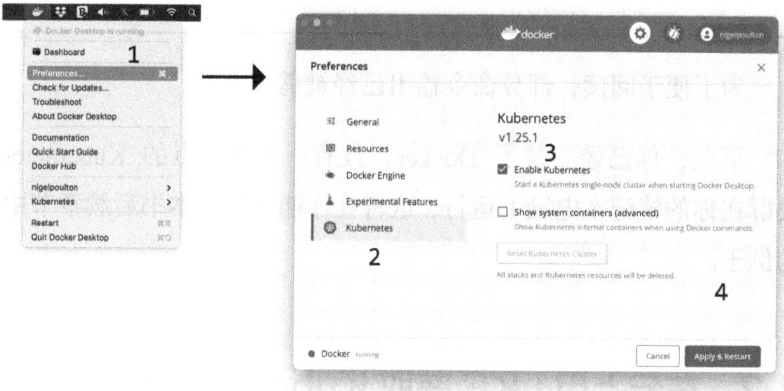

图 4-1

从终端运行以下命令可以验证安装情况：

```
$ docker --version
Docker version 20.10.21, build baeda1f

$ kubectl version -o yaml
clientVersion:
  <Snip>
  gitVersion: v1.26.1
  major: "1"
  minor: "26"
  platform: darwin/arm64
serverVersion:
  <Snip>
  gitVersion: v1.26.1
  major: "1"
```

```
minor: "26"
platform: linux/arm64
```

为了便于阅读，部分命令输出已经被剪掉。

至此，你已经安装了 Docker，且有一个单节点的 Kubernetes 集群在你的笔记本电脑上运行，这将让你能够完成本书后续章节中的例子。

4.2 在云上用 LKE 获取 Kubernetes

正如你所期望的，你可以在每个云上运行 Kubernetes，而且大多数云都提供 Kubernetes 即服务。针对本书中的例子，我选择用 Linode Kubernetes Engine（LKE），因为它非常简单，而且可以快速构建 Kubernetes 集群。当然，你也可以用其他基于云的 Kubernetes 集群，应该都能够完成本书中的例子。

注意 Linode 通常对新客户有优惠。这些优惠对完成本书中的所有例子来说绰绰有余。但是，在你用完云服务时一定要关闭或者删除云服务。

4.2.1 用 LKE 能获取什么

LKE 是 Linode 提供的一个托管的 Kubernetes 产品。

- 它要花钱（虽然不是很贵）。

- 它很容易设置。
- 控制面板由 Linode 管理，对用户是隐藏的。
- 它提供与其他云服务（存储、负载均衡器等）的高级集成。

下面我就来展示如何用两个工作节点构建一个 Kubernetes 集群，以及如何获取和配置 Kubernetes 命令行工具（`kubectl`）。在本书的后面，我还会介绍如何使用 Kubernetes 配置和利用 Linode 负载均衡器，并将其与示例应用集成。

4.2.2　用 LKE 无法获取什么

通过 LKE 无法获取任何 Docker 工具。要完成本书后面的所有例子，需要 Docker。获取 Docker 的最简单的方式是按本章前面有关如何获取 Docker Desktop 的说明做。

4.2.3　获取一个 LKE 集群

使用浏览器打开 Linode 官网并注册一个账户。这是一个简单的过程，但你需要提供账单的详细信息。如果你是要认真学习 Kubernetes 的，这些花费是值得的。只要你记得在用完集群后删除集群，费用是相当低的。

完成注册以后，登录到 Linode 云控制台（Linode Cloud Console），从左边的导航栏点击 Kubernetes，并选择 `Create a Cluster`（创建集群）。

选择 `Cluster label`（集群标记，即集群的名称）、`Region`（区域）和 `Kubernetes Version`（Kubernetes 版本），然后为你的 `Node Pool`（节点池）添加两个 `Linode 2GB Shared CPU`

（Linode 2GB 共享 CPU）实例。这一配置如图 4-2 所示。你不需要为这些示例使用高可用性控制面板。

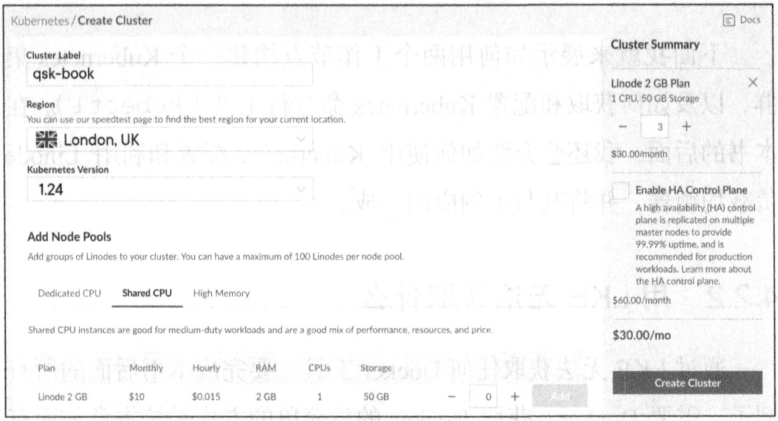

图 4-2

注意右侧显示的潜在费用。你的费用可能和这里展示的不同。

当你确定了自己的配置后，点击 `Create Cluster`。

构建你的集群可能需要一两分钟。

当它准备好时，控制台会显示你的两个节点为 `Running`（正在运行），并会显示它们的 IP 地址。它还会以 URL 格式显示你的 `Kubernetes API Endpoint`。

此刻，你的 LKE 集群正在运行一个高性能、高可用的控制面板，它由 Linode 管理，对你是隐藏的。它还有两个正在运行的工作节点。它与图 4-3 所示的配置类似。

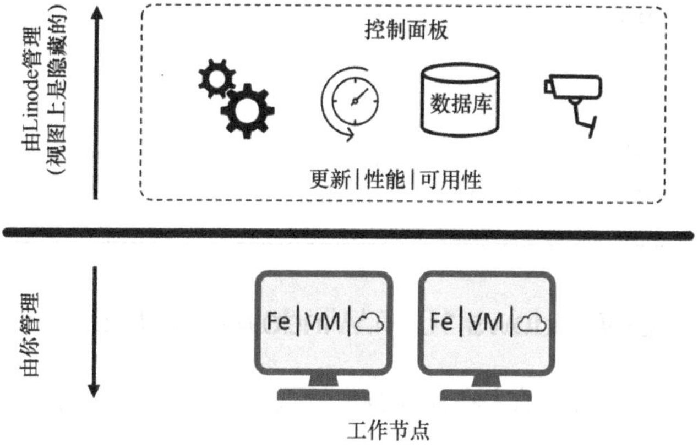

图 4-3

有了 Kubernetes 集群后，你需要安装并配置 `kubectl`，以便能对集群进行管理。如果你有了 Docker Desktop，就已经有了 `kubectl`，可跳过对其进行配置的一节。

如果你没有安装 Docker Desktop，可使用接下来介绍的任何一种方法安装 `kubectl`（当然，还有其他安装 `kubectl` 的方法）。

4.2.4 在 macOS 上安装 kubectl

在进行下列步骤之前，请在命令行中输入 `kubectl` 来检查你是否已经安装了 `kubectl`。

在 macOS 上安装 `kubectl` 的最简单的方法是使用 Homebrew：

```
$ brew install kubectl
<Snip>

$ kubectl version --client -o yaml
```

```
clientVersion:
  <snip>
  major: "1"
  minor: "26"
  platform: darwin/arm64
```

4.2.5 在 Windows 10 和 Windows 11 上安装 kubectl

在继续之前，请先在命令行中输入 kubectl，以确保你还没有安装它。

在 Windows 10 和 Windows 11 中安装 kubectl 的最简单的方法是使用 Chocolatey。我展示了在下一步中如何使用 PowerShell 安装 Chocolatey，以免你无法使用 Chocolatey。

```
> choco install kubernetes-cli

> kubectl version --client -o yaml
clientVersion:
  <Snip>
  major: "1"
  minor: "26"
  platform: windows/amd64
```

如果你不使用 Chocolatey，下面的步骤将使用标准的 PowerShell 工具安装 kubectl：

```
> Install-Script -Name 'install-kubectl' -Scope CurrentUser -Force
```

```
> install-kubectl.ps1 -DownloadLocation C:\Users\nigel\bin

> kubectl version --client -o yaml
clientVersion:
  <Snip>
  major: "1"
  minor: "26"
  platform: windows/amd64
```

请确保将第二条命令中的-DownloadLocation 替换为你机器上的有效下载位置。-DownloadLocation 是 kubectl 将被下载到的地方，它应该在你系统的%PATH%中，否则你应该把它复制到你系统的%PATH%所在的文件夹中去。

如果你收到一个“command not found”（未找到命令）的错误，请确保 kubectl 存在于你系统环境变量%PATH%所在的文件夹中。

现在 kubectl 已经安装完毕，进行配置之后即可与你的 Kubernetes 集群交互。

4.2.6 配置 kubectl 与 LKE 集群交互

kubectl 有一个配置文件，用于保存集群信息和证书。在 macOS 和 Windows 上，它都被称为 config，位于以下目录中：

- C:\Users\<username>\.kube（Windows）；
- /Users/<username>/.kube（macOS）。

尽管这个文件被称为 config，但我还是将其称为 kubeconfig 文件。

配置 kubectl 连接到你的 LKE 集群的最简单方法是：

（1）对你的计算机上现有的 kubeconfig 文件做一个备份；

（2）下载并使用你的计算机上的 LKE kubeconfig 文件。

为了完成下面的工作，你必须配置你的计算机以显示隐藏文件夹。在 macOS 上键入 Command + Shift + 句点。在 Windows 10 或者 Windows 11 上，在 Windows 搜索栏中输入“folder”（文件夹）（在 Windows 标志主按钮旁边），并选择 File Explorer Options（文件资源管理器）结果。选择 View（查看）选项卡，点击 Show hidden files, folders, and drives（显示隐藏文件、文件夹和驱动器）按钮。不要忘了点击 Apply 按钮。

在 Linode 云控制台左边的导航栏中点击“Kubernetes”链接，显示一个 LKE 集群列表，再点击你的集群的 Download kubeconfig 链接。找到下载的文件，将其复制到主目录中隐藏的./kube 文件夹中，并将其重命名为 config。这样做之前，必须将所有既有的 kubeconfig 文件重命名。

一旦你下载了 LKE 的 kubeconfig 并复制到正确的位置和名称，kubectl 命令就应该管用了。可以用下面的命令来测试 kubectl 是否管用：

```
$ kubectl get nodes
NAME                           STATUS  ROLES   AGE   VERSION
lke47224-75467-61c34614cbae    Ready   <none>  2m49s v1.25.1
lke47224-75467-61c34615230e    Ready   <none>  100s  v1.25.1
```

上述输出展示了一个有两个工作节点的 LKE 集群。你知道这个集群是在 LKE 上的，因为工作节点的名字以 `lke` 开头。在输出中没有显示控制面板节点，因为它们是由 LKE 管理且隐藏的。

至此，你的 LKE 集群已经启动并运行，你可以用它来学习书中的例子。

记住，LKE 是一种云服务，需要付费。当你不再需要集群的时候，一定要删除它。如果忘了做这件事儿，就会产生不必要的费用。

4.3 小结

Docker Desktop 是在 Windows 或 macOS 计算机上获得 Docker 工具和 Kubernetes 集群的一种好方法。它可以免费下载和使用，并自动安装和配置 `kubectl`，但它并非为生产环境而设计的，但你可用它来完成本书后面的例子。

LKE 是一个简单易用的托管的 Kubernetes 服务。Linode 管理控制面板，并允许你根据需要调整和指定任意数量的工作节点。它需要你手动更新你的本地 `kubeconfig` 文件。运行 LKE 集群是要花钱的，所以你应该适当地调整它的规模，并记得在你用完后删除它。

还有很多其他的方式可以获得 Kubernetes，但我们在这里展示的方式足以让你开始学习，并为接下来的例子做好准备。

第 5 章　创建容器化的应用

在本章中，你将完成一个将应用构建为容器镜像的典型工作流程。这个过程被称为容器化（containerization），产生的应用被称为容器化的应用（containerized app）。

你将使用 Docker 对应用进行容器化，这些步骤并不是针对 Kubernetes 的。事实上，你在本章中不会使用 Kubernetes，但你会在后续各章中将该容器化的应用部署到 Kubernetes。

Docker 和 Kubernetes　在这个行业内，有关 Kubernetes 将放弃支持 Docker 的说法甚嚣尘上。Kubernetes 放弃了支持 Docker 作为容器运行时。这意味着，Kubernetes 1.24 以及未来的版本不会再使用 Docker 来启动和停止容器，但是由 Docker 创建的容器镜像在 Kubernetes 中仍然百分之百支持。这是因为 Kubernetes 和 Docker 都基于开放容器倡议（Open Container Initiative，OCI）标准处理容器镜像。总而言之，即便 Kubernetes 不再支持将 Docker 作为容器运行时，Docker 创建的镜像依然管用。

如果已经熟悉 Docker 和创建容器化的应用，你可以跳过本章。Docker Hub 上有一个预先创建的容器化的应用，你可以在后续各章中使用。

整个工作流程如图 5-1 所示。我们会简要提及步骤 1，而将关注重点放在步骤 2 和步骤 3，后面几章将介绍步骤 4。

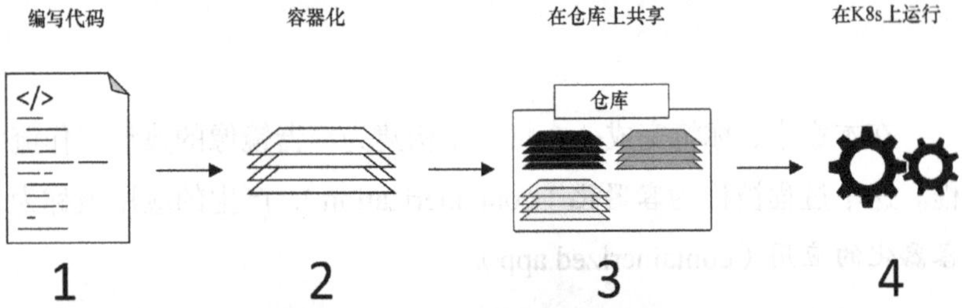

图 5-1

本章分为以下几部分：

- 前提条件；
- 获取应用代码；
- 构建容器镜像；
- 在仓库上托管容器镜像。

5.1 前提条件

要创建本章所述的容器化的应用，你需要下面这些东西：

- `git` 命令行工具；

- Docker；
- 一个 Docker 账户。

`git` 命令行工具我会在本节的后半部分介绍。

对于 Docker，我建议你按照第 4 章中给出的步骤安装 Docker Desktop。

Docker 账户是免费的，你可以去 Docker 官网注册账户。如果你想在后续步骤中将容器化的应用保存到 Docker Hub，就需要一个 Docker 账户。如果你不想这样做，可使用现成的镜像。不过，如果你要认真学习 Docker 或 Kubernetes，Docker 账户是非常有用的。

安装 git

使用下列任何一种方法安装 `git` 命令行工具。

1. macOS 用 Homebrew

如果你的 Mac 上有 Homebrew，你可以用以下命令来安装 `git` 并确认是否已经安装：

```
$ brew install git

$ git --version
git version 2.37.1
```

2. Windows 用 Chocolatey

如果你的 Windows 机器上有 Chocolatey，你可以用以下命令安装 git 命令行工具：

```
> choco install git.install

> git --version
git version 2.37.1
```

3. macOS 或 Windows 系统用 GitHub Desktop 安装程序

GitHub Desktop 是一个用于在 GitHub 上工作的桌面用户界面，在其官网上有 macOS 和 Windows 版本的安装程序。下载并安装 GitHub Desktop 后，可以用它来安装 git 命令行工具。

用 `git --version` 命令来验证你的安装。

这些都准备好了以后，你就可以通过以下步骤，把一个示例应用构建成一个容器镜像（对应用进行容器化）：

（1）获取应用代码；

（2）用 Docker 构建容器镜像；

（3）用 Docker 将镜像推送到 Docker Hub（可选）。

5.2 获取应用代码

本书的 GitHub 仓库中包含一个简单的 Web 应用的代码，你需要将该应用下载到本地计算机上，以便可以将该应用构建到容器镜像中。

注意 GitHub 是一个用于托管和合作开发代码的在线平台。托管在 GitHub 上的软件被组织在 repos（仓库）中，而“克隆仓库”是在你的本地机器上创建代码副本的技术术语。

运行下面的命令将在你的当前目录下创建一个新文件夹，并将仓库的内容复制到其中：

```
$ git clone https://github.com/nigelpoulton/qsk-book.git
Cloning into 'qsk-book'...
```

现在你就在一个名为 `qsk-book` 的新文件夹中拥有一份该仓库的副本。切换到该目录，运行 `ls` 命令列出其内容：

```
$ cd qsk-book

$ ls
App
deploy.yml
pod.yml
readme.md
rolling-update.yml
svc-cloud.yml
svc-local.yml
```

`App` 文件夹是应用的源代码和配置文件所在的地方。进入 `App` 文件夹，列出它所含的文件：

```
$ cd App
```

```
$ ls -l
Dockerfile
app.js
bootstrap.css
package.json
views
```

这些文件构成了应用，了解一下每个文件是一件好事。

- Dockerfile 文件并不是应用的一部分，它的内容是一条条 Docker 指令，用于将该应用构建到容器镜像中（对应用进行容器化）。
- app.js 是应用的主文件，它是一个 Node.js 应用。
- bootstrap.css 是一个样式表模板，决定应用的网页外观。
- package.json 列出了应用的依赖。
- views 是一个包含 HTML 的文件夹，用于填充应用的网页。

在应用的容器化方面，最核心的文件是 Dockerfile，它包含了 Docker 用于将应用构建到容器镜像中的指令。这个示例的 Dockerfile 文件很简单，如下面的代码所示：

```
FROM node:current-slim
LABEL MAINTAINER=nigelpoulton@hotmail.com
COPY . /src
```

```
RUN cd /src; npm install
EXPOSE 8080
CMD cd /src && node ./app.js
```

下面说明一下每行的作用。

FROM 指令告诉 Docker 我们想让应用运行在 Linux 的哪个版本上。在上面的例子中，我们告诉 Docker 在包含在 node:current-slim 镜像的 Linux 版本上运行应用。应用需要一个操作系统才能运行，而这个基础镜像就提供了这个操作系统。

COPY 指令告诉 Docker 将应用和依赖从当前目录（用英文句号“.”表示）复制到上一步拉取的 node:current-slim 镜像中的/src 目录。这将同一目录下的所有文件作为 Dockerfile 复制到容器镜像中。

RUN 指令告诉 Docker 从/src 目录中运行 npm install 命令，这将安装 package.json 中列出的依赖。

EXPOSE 指令列出了应用要监听的网络端口，这也是在主 app.js 文件中指定的。

CMD 指令是 Kubernetes 启动容器时将运行的主应用进程。

综上所述，Dockerfile 告诉 Docker 以 node:currentslim 镜像上的应用为基础，复制我们的应用代码，安装依赖，记录网络端口，并指定应用运行。

一旦你克隆了仓库，就该将应用构建到容器镜像中了。

5.3 构建容器镜像

将应用构建成容器镜像的过程称为容器化。当这个过程完成后，应用就称为容器化的。因此，我们将互换使用容器镜像（container image）和容器化的应用（containerized app）这两个术语。

使用下面的 docker image build 命令将应用容器化。有几件事需要注意。

- 这个命令读取 Dockerfile 中的指令，以确定如何构建镜像。
- 这个命令必须在 Dockerfile 所在的目录中执行。
- 用你自己的 Docker 账户 ID 替换 nigelpoulton。
- 在这个命令的结尾包括句点（.）。

```
$ docker image build -t nigelpoulton/qsk-book:1.0 .

[+] Building 66.9s (7/7) FINISHED                    0.1s
<Snip>
=> naming to docker.io/nigelpoulton/qsk-book:1.0     0.0s
```

现在在包含该应用及其依赖的你的本地机器上已经有了一个新的容器镜像。这就是容器化的应用。

使用下面的命令列出该镜像。你的镜像的名字可能有所不同，并且输出可能会显示你的系统上的其他镜像。

```
$ docker image ls
REPOSITORY              TAG  IMAGE ID      CREATED         SIZE
nigelpoulton/qsk-book 1.0  c5f4c6f43da5  19 seconds ago 84MB
```

如果你正在运行 Docker Desktop，可能会看到多个标有“k8s.gcr...”的镜像。这些都是运行本地的 Kubernetes 集群需要的。

既然你已经成功地将应用容器化，下一步就是将其托管在一个中心化的仓库。

5.4 在仓库上托管容器镜像

本节是选读内容，如果你想跟着做，需要注册一个 Docker 账户。如果你不打算读完本节的内容，也可以在后续步骤中使用公开可用的 nigelpoulton/qsk-book:1.0 镜像。

容器仓库是可用来存储容器镜像的中央位置。有些仓库（如我们将使用的）托管在互联网上，也有些仓库可以托管在用户自己的专用网络中。然而，不管托管在什么地方，仓库都是存储容器镜像的地方，以便安全而轻松地访问。

有许多镜像仓库可用，但我们将使用 Docker Hub，因为它是最流行和最容易使用的。读者可以浏览其网站了解一下。

使用下面的命令来推送你的新镜像到 Docker Hub：

```
$ docker image push nigelpoulton/qsk-book:1.0
```

```
The push refers to repository [docker.io/nigelpoulton/qsk-book]
05a49feb9814: Pushed
66443c37f4d4: Pushed
101dc6329845: Pushed
dc8a57695d7b: Pushed
7466fca84fd0: Pushed
<Snip>
c5f4c6f43da5: Pushed
1.0: digest: sha256:c5f4c6f43da5f0a...aee06961408 size: 1787
```

记住，用你自己的 Docker 账户 ID 替换 `nigelpoulton`。如果你没有替换，而是使用了 `nigelpoulton`，操作就会失败，因为你没有推送镜像到我的仓库的权限。

访问 Docker Hub，确保该镜像存在，如图 5-2 所示。

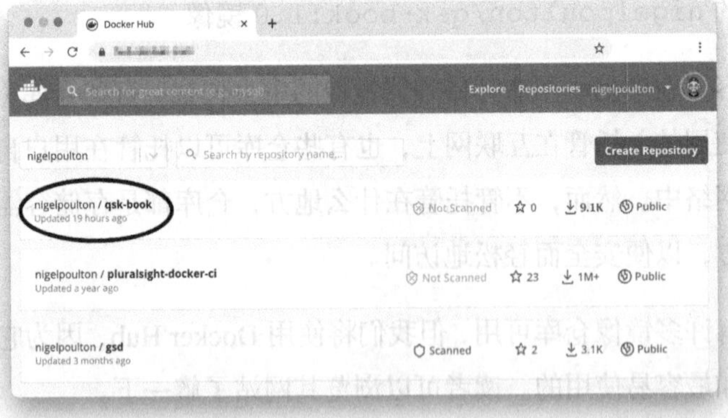

图 5-2

现在，你已经将应用容器化为一个容器镜像，并将其推送到了

Docker Hub 仓库。下一步就是把它部署到 Kubernetes。

5.5 小结

在本章中，你了解到容器化的应用就是作为容器镜像构建和打包的常规应用。

你用 `git` 将本书的 GitHub 仓库克隆到你的计算机的本地文件夹，然后用 Docker 将应用容器化并推送到 Docker Hub。在这个过程中，你了解到 Dockerfile 文件包含一系列指令，告诉 Docker 如何对应用进行容器化。

第 6 章　在 Kubernetes 上运行应用

在本章中，你将把一个简单的容器化的应用部署到 Kubernetes 集群上。如果你已经按本书前面说的做了，要部署的就是你在第 5 章创建并容器化的应用；如果你跳过了第 5 章也没关系，你可以使用 Docker Hub 上谁都可用的应用的副本。

你需要一个 Kubernetes 集群才能跟着做接下来的事情。如果你不记得如何创建，请回顾第 4 章的内容。如果你在 Windows 上使用 Docker Desktop，应该在 **Linux containers** 模式下运行（用鼠标右键点击系统托盘中的 Docker 图标，选择 `Switch to Linux containers`）。

下面是我们在本章中要做的事情：

- 验证 Kubernetes 集群；
- 将应用部署到 Kubernetes 上；
- 连接到应用。

6.1 验证 Kubernetes 集群

你需要 kubectl 命令行工具和一个工作中的 Kubernetes 集群来完成这些步骤。

运行下面的命令来验证你已经连接到你的 Kubernetes 集群，并确认你的集群正在运行。

Docker Desktop 的例子如下：

```
$ kubectl get nodes
NAME            STATUS   ROLES           AGE    VERSION
docker-desktop  Ready    control-plane   33m    v1.26.1
```

注意，Docker Desktop 集群只在一个输出行返回一个节点，这是因为它是一个单节点集群。在这个配置中，由单个节点同时充当控制面板节点和工作节点。除此之外，重点在于 kubectl 可以与你的集群进行通信，而且所有节点都显示为 Ready（就绪）。

Linode Kubernetes Engine（LKE）的例子如下：

```
$ kubectl get nodes
NAME                           STATUS ROLES  AGE VERSION
lke47224-75467-61c34614cbae Ready  <none> 94m v1.24.1
lke47224-75467-61c34615230e Ready  <none> 93m v1.24.1
```

这一命令返回的节点数量取决于你向集群添加了多少个节点。托管的 Kubernetes 平台（如 LKE）不会返回控制面板节点，因为它们由云平台管理，是隐藏的。你可以确定你是在与一个 LKE 集群进行通信，因为名称以 `lke` 开头。所有节点都应该处于 `Ready` 状态。

如果 `kubectl` 连接到错误的集群/节点，并且你正在运行 Docker Desktop，你可以点击 Docker 图标，选择正确的集群，如图 6-1 所示。

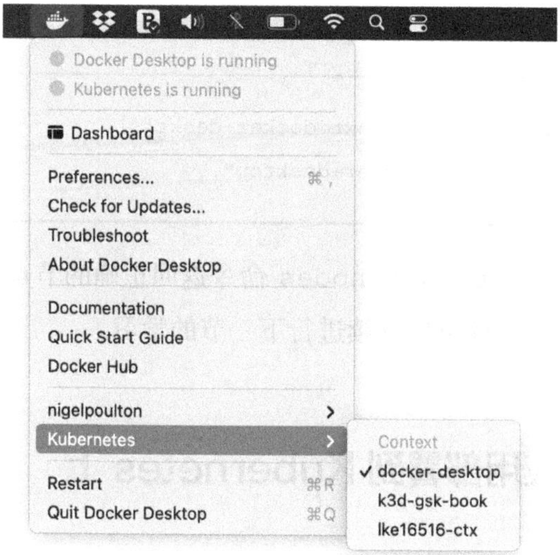

图 6-1

如果你没有使用 Docker Desktop，并且 `kubectl` 连接到了错误的集群，你可以通过以下步骤来修改。

列出你的 kubeconfig 文件中定义的所有上下文：

```
$ kubectl config get-contexts
CURRENT   NAME              CLUSTER            AUTHINFO
```

```
          docker-desktop docker-desktop docker-desktop
          k3d-qsk-book   k3d-qsk-book   admin@k3d-qsk-book
*         lke16516-ctx   lke16516       lke16516-admin
```

输出列出了 3 个上下文，当前上下文设置为 lke16516-ctx。你看到的输出可能会有所不同。

下面的命令切换到 docker-desktop 上下文（你可能需要切换到不同的上下文）：

```
$ kubectl config use-context docker-desktop
Switched to context "docker-desktop".
```

只要 kubectl get nodes 命令返回正确的节点，并将它们列为 Ready，你就可以继续进行下一节的学习。

6.2 将应用部署到 Kubernetes 上

在第 5 章中，你将一个 Node.js 网络应用容器化为一个容器镜像，并将其存储在 Docker Hub 上，接下来你可以将该应用在 Kubernetes Pod 中部署到你的集群上。

尽管 Kubernetes 可以编排和运行容器，但这些容器不得不被包装在一个叫 Pod 的 Kubernetes 结构中。

就把 Pod 想象成一个围绕容器的轻量级包装器。事实上，我们有时会互换使用容器和 Pod 这两个术语。现在，你只需要知道

Kubernetes 在 Pod 中运行容器。

6.2.1 Kubernetes Pod 的定义

你要部署的Pod是在一个叫pod.yml的YAML文件中定义的，该文件位于本书的 GitHub 仓库根目录下。你可以给这个文件起任何名字，但文件的内容要严格遵循 YAML 规则。YAML 是常用于配置文件的语言，它对缩进的正确使用非常严格。

```yaml
apiVersion: v1
kind: Pod
metadata:
  name: first-pod
  labels:
    project: qsk-book
spec:
  containers:
  - name: web
    image: nigelpoulton/qsk-book:1.0
    ports:
    - containerPort: 8080
```

Pod 的作用是封装容器，使其能够在 Kubernetes 上运行。如果你仔细查看这个 YAML 文件就会发现最后 5 行定义了你在第 5 章中创建的容器镜像。

让我们浏览一下这个文件，了解它所定义的内容。

apiVersion 和 kind 行告诉 Kubernetes 正在部署的对象的版本和类型。在这个示例中，我们正在部署一个在 v1 API 中定义的

Pod 对象。抛开术语，其实就是告诉 Kubernetes 根据 Pod 规范的第 1 版（`v1`）来部署 Pod。

`metadata` 部分列出了 Pod 名称和一个标记。名称可以帮助我们在 Pod 运行时识别和管理它。标记（`project:qsk-book`）对于组织 Pod 和将它们与其他对象（如负载均衡器）联系起来非常有用。我们将在后面看到标记的作用。

`spec` 部分列出了这个 Pod 将执行的容器的细节。记住，如果你遵循了第 5 章中的示例，就要把这个 Pod 改为你自己的镜像，并将你自己的镜像推送到自己的仓库中。如果你没有将镜像推送到自己的仓库中，就保留这个文件的内容不变，使用 `nigelpoulton/qsk- book:1.0` 镜像。

图 6-2 展示了 Pod 是如何包装容器的。记住，这个 Pod 包装器是容器在 Kubernetes 上运行所必需的，它非常轻量级，因为只需添加元数据。

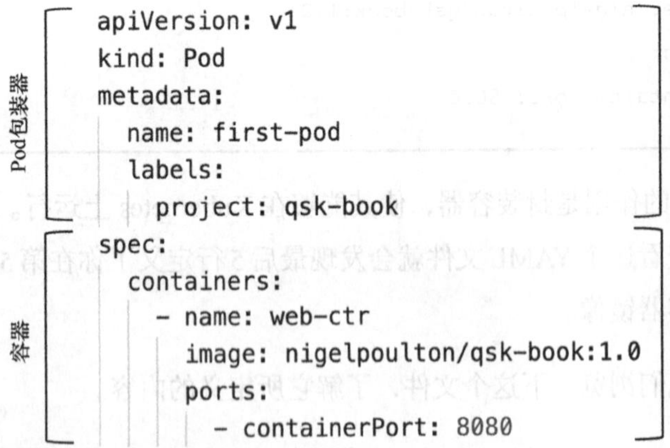

图 6-2

6.2.2 部署应用（Pod）

你要部署的应用在一个名为 `first-pod` 的 Pod 中，定义在一个名为 `pod.yml` 的 YAML 文件中。最简单的部署方法是使用 `kubectl` 将 YAML 文件发到 Kubernetes。

运行以下命令，列出可能已经在你的集群上运行的任何 Pod（如果你正在使用一个新的集群，如第 3 章所述，你将没有任何正在运行的 Pod）：

```
$ kubectl get pods
No resources found in default namespace.
```

用以下命令部署这个 Pod，并验证该操作：

```
$ kubectl apply -f pod.yml
pod/first-pod created

$ kubectl get pods
NAME          READY      STATUS     RESTARTS      AGE
first-pod     1/1        Running       0          10s
```

第一条命令必须从与 `pod.yml` 文件所在的同一目录中执行。这是本书的 GitHub 仓库根目录。如果你目前在 `App` 目录下（用 `pwd` 检查），你需要用“`cd..`”命令后退到上一级目录。

祝贺你，容器化的应用已经在 Kubernetes 集群上的 Pod 中运行了！

kubectl apply 命令让你指定一个文件（-f）发送给 Kubernetes API 服务器。Kubernetes 将读取这一文件，并将配置存储在集群存储中，然后调度器将找到工作节点来运行该 Pod。

如果你在第一条命令后过早地运行了第二条命令，Pod 可能还没有达到 Running 状态。

kubectl 提供了 get 和 describe 两个命令来查询对象的配置和状态。你已经看到，kubectl get 提供了摘要信息。下面的示例表明，kubectl describe 会返回更多的细节。事实上，因为有些读者不希望我占用太大的篇幅来展示命令输出，这里我对输出进行的裁剪。

```
$ kubectl describe pod first-pod

Name:                first-pod
Namespace:           default
Node:                docker-desktop/192.168.65.3
Labels:              project=qsk-book
Status:              Running
IPs:
  IP:  10.1.0.11
  IP: fd00:10:244:1::2
Containers:
  web-ctr:
    Container ID:   containerd://a1ec2a8b7180e1...
    Image:          nigelpoulton/qsk-book:1.0
    Port:           8080/TCP
    State:          Running
    <Snip>
Conditions:
```

```
  Type              Status
  Initialized       True
  Ready             True
  ContainersReady   True
  PodScheduled      True
Events:
  Type    Reason    Age   From     Message
  ----    ------    ----  ----     -------
  <Snip>
  Normal  Started   110s  kubelet  Started container web-ctr
```

尽管 Pod 已经启动，应用正在运行，但你还需要另一个 Kubernetes 对象才能在网络上连接到该应用。

6.3 连接到应用

连接到 Pod 中的应用需要一个独立的对象，称为 Service（服务）。Service 对象的唯一用途是提供到与 Pod 中运行的应用的稳定网络连通性。

> **注意** “对象”是一个技术术语，用于描述在 Kubernetes 上运行的东西。你已经部署了一个 Pod 对象。你即将部署一个 Service 对象，以提供与运行在 Pod 中的应用的连通性。

6.3.1 Kubernetes 的 Service 的定义

`svc-local.yml` 文件定义了一个 Service 对象，如果是运行在 Docker Desktop 或其他非云的本地集群上，就可以用它来提供连接。svc-cloud.yml 文件定义了一个 Service 对象，以便在你的集群在云中时提供连接（如果你正在运行一个 LKE 集群，如第 4 章所述，就用这个）。

下面列出了 svc-cloud.yml 文件的内容：

```
apiVersion: v1
kind: Service
metadata:
  name: cloud-lb
spec:
  type: LoadBalancer
  ports:
  - port: 80
    targetPort: 8080
  selector:
    project: qsk-book
```

让我们来看一下这些内容。

前两行与 pod.yml 文件相似。它们告诉 Kubernetes 使用 v1 规范来部署 Service 对象。

metadata 部分将该 Service 命名为“cloud-lb”。

spec 部分是这个文件的神奇之处。spec.type:LoadBalancer 字段告诉 Kubernetes 在底层云平台上配置一个面向互联网的负载均衡器。例如，如果你的集群在 AWS 上运行，该 Service 将自动配置 AWS 网络负载均衡器（network load balancer，NLB）或经典负载均衡器（classic load balancer，CLB）。spec 部分将在底层云上配置一个面向互联网的负载均衡器，该负载均衡器将在 80 端口接收流量，并转发到任何带有 project: qsk-book 标记的 Pod 的 8080 端口。

请花点儿时间消化这些内容，如果还不明白就再仔细地读一遍。

svc-local.yml 文件定义了一个本地 Service 而不是一个云 Service。这是因为 Docker Desktop 和其他基于笔记本电脑的集群无法访问面向互联网的负载均衡器。

6.3.2 关于标记的简要说明

你可能记得不久前我说过 Kubernetes 使用标记来关联对象。那么，仔细看看 pod.yml 和 svc-cloud.yml 这两个文件，注意它们都是如何引用 project: qsk-book 标记的，如图 6-3 所示。

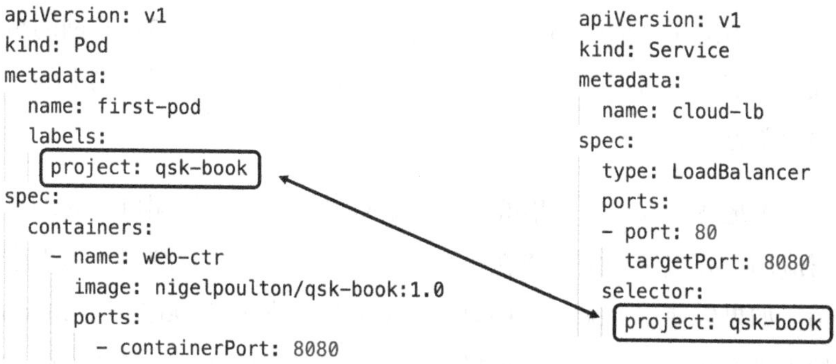

图 6-3

Pod 携带该标记，而 Service 对象使用它来做出选择。这种组合允许该 Service 将流量转发到集群上带有该标记的所有 Pod。Kubernetes 可以保持所有带有该标记的 Pod 的最新列表，并实时更新。

目前，你只有一个带有该标记的 Pod。然而，如果你添加了更多带有同一个标记的 Pod，Kubernetes 会注意到这一点，并开始将流量转发到它们，你会在第 7 章的实践过程中看到这一点。

6.3.3 部署服务（Service）

和 Pod 一样，你可以用 `kubectl apply` 部署 Service 对象。

之前我提到过，本书的 GitHub 仓库定义了两个 Service。

- `svc-cloud.yml` 用于基于云的集群。我们把这个 Service 称为“云 Service”。
- `svc-local.yml` 用于不能访问负载均衡器的本地集群，如 Docker Desktop。我们把这个 Service 称为“本地 Service”。

云 Service 告诉 Kubernetes 为你的云配置一个面向互联网的负载均衡器。它适用于所有主要的云，是将应用暴露在互联网上的一种简单方法。

本地 Service 通过集群中每个节点的同一个网络端口来向外暴露应用。我使用的例子将在每个集群节点的 `31111` 端口上暴露应用。如果你使用 Docker Desktop，将通过你安装了 Docker Desktop 的主机上的 `localhost` 适配器暴露应用。如果这听起来让你感到困惑，不要担心，我们将通过一个例子来解释它。

首先看一下 Docker Desktop（非云）的例子。

1. Kubernetes 集群不在云上（如 Docker Desktop）时，连接到应用

下面的命令部署了一个名为 `svc-local` 的 Service，该 Service 在本书的 GitHub 仓库根目录下的 `svc-local.yml` 文件中定义。Service 的名称和文件不必一致，但你必须从 `svc-local.yml` 文件所在的目录中运行该命令：

```
$ kubectl apply -f svc-local.yml
service/svc-local created
```

使用下面的命令来验证该 Service 已经启动和运行：

```
$ kubectl get svc
NAME      TYPE     CLUSTER-IP    EXTERNAL-IP PORT(S)      AGE
svc-local NodePort 10.108.72.184 <none>      80:31111/TCP 11s
```

输出显示了如下信息。

该 Service 被称为“svc-local”，已经运行了 11 秒。

`CLUSTER-IP` 值是内部 Kubernetes Pod 网络上的一个 IP 地址，被集群上运行的其他 Pod 和应用使用。我们将不会连接到这个地址，因为我们无法连接到 Kubernetes Pod 网络。

由于这是一个本地 Service，它可以通过连接到在 `PORT(S)` 列中指定的 `31111` 端口上的任何集群节点来访问。

你的输出将列出另一个名为 `Kubernetes` 的 Service，这是由 Kubernetes 用于服务发现的内部 Service。

现在该 Service 正在运行，你可以用它连接到该应用。

在与你的 Kubernetes 集群相同的机器上打开一个网络浏览器，在导航栏中输入 `localhost:31111`。如果你使用 Docker Desktop，应该在运行 Docker Desktop 的机器上打开一个浏览器。

> **警告** macOS 上 Docker Desktop 的某些旧版本有一个 bug，导致 NodePort 无法被映射到 `localhost` 适配器上。如果你的浏览器无法连接到应用，可能是这个原因导致的。

该网页看起来应当像图 6-4 一样。

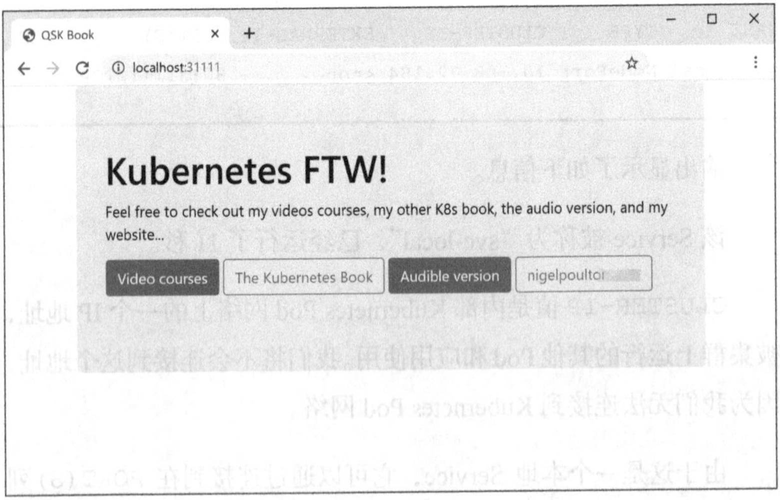

图 6-4

祝贺你，你已经对一个应用进行了容器化，将其部署到 Kubernetes，并通过 Kubernetes Service 连接到它。

2. Kubernetes 集群在云上时，连接到应用

下面的命令部署了一个名为 cloud-lb 的云 Service，该 Service 在本书的 GitHub 仓库根目录下的 svc-cloud.yml 文件中定义（你必须在与该文件相同的目录下执行下面的命令）：

```
$ kubectl apply -f svc-cloud.yml
service/cloud-lb created
```

用下面的命令验证该 Service：

```
$ kubectl get svc
NAME     TYPE         CLUSTER-IP    EXTERNAL-IP   PORT(S)
cloud-lb LoadBalancer 10.128.29.224 212.71.236.112 80:30956/TCP
```

你也可以运行 kubectl describe svc <service-name> 命令来获得更详细的信息。

在你的云配置面向网络的负载均衡器的过程中，你的输出可能会在 EXTERNAL-IP 栏显示<pending>。这在一些云平台上可能需要花几分钟。

输出显示了很多，让我来解释一下我们感兴趣的部分。

Service 被创建了，TYPE 被正确地设置为 LoadBalancer。底层云的一个面向互联网的负载均衡器已经被配置，并分配了 EXTERNAL-IP 栏中所示的 IP 地址 212.71.236.112（你的会有

所不同)。负载均衡器正在监听 80 端口(80:30956/TCP 字符串的“80”部分)。

长话短说,你可以将任何浏览器指向 212.71.236.112 的 80 端口来连接到该应用,如图 6-5 所示。记住,要替换你的环境中的外部 IP 地址。

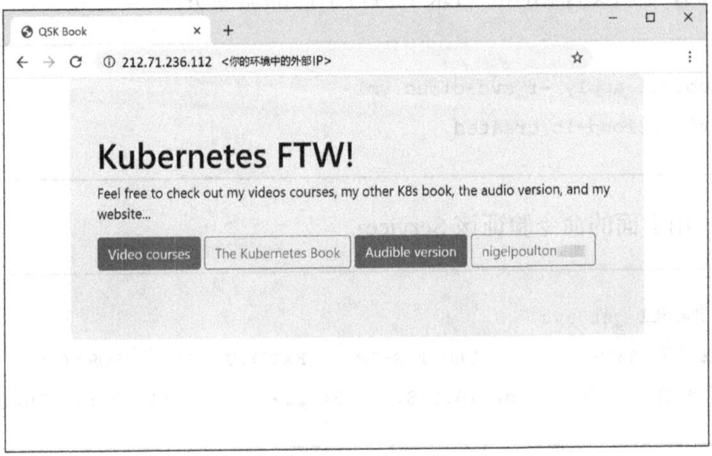

图 6-5

与本地 Docker Desktop 的例子一样,内部 CLUSTER-IP 是供在 Kubernetes 集群内运行的其他应用使用的,而 PORT(S)列中冒号右边的值是该应用通过每个集群节点暴露的端口。例如,如果知道你的集群节点的 IP 地址,可以通过连接到冒号右侧列出的端口上的任何节点的 IP 来连接到应用。

祝贺你,你已经将一个应用容器化,将其部署到 Kubernetes,配置了一个面向互联网的负载均衡器,并连接到了该应用。

6.4 清理工作

删除 Pod 和 Service，这样你就可以在第 7 章开始时得到一个干净的集群。

列出你的集群上的所有 Service，以获得你部署的 Service 的名称：

```
$ kubectl get svc
NAME     TYPE         CLUSTER-IP    EXTERNAL-IP   PORT(S)
cloud-lb LoadBalancer 10.128.29.224 212.71.236.112 80:30956/TCP
...
```

运行以下命令来删除 Service 和 Pod：

```
$ kubectl delete svc cloud-lb
service "cloud-lb" deleted

$ kubectl delete pod first-pod
pod "first-pod" deleted
```

当 Pod 等待应用关闭时，它可能需要几秒的时间来终止。请确保使用你环境中的 Service 的名称。

6.5 小结

在本章中，你了解到，如果容器化的应用想在 Kubernetes 上运行，就必须在 Pod 中运行。幸运的是，Pod 是轻量级的结构，不会给应用增加开销。

你看到了一个在 YAML 文件中定义的简单 Pod，并学习了如何用 `kubectl apply` 命令将其部署到 Kubernetes。你还学会了如何用 `kubectl get` 和 `kubectl describe` 命令来检查 Pod 和其他 Kubernetes 对象。

最后，你了解到，如果你想连接到 Pod 中运行的应用，需要一个 Kubernetes 的 Service。

到目前为止，你已经构建、部署并连接到了一个容器化的应用。然而，你还没有看到 Kubernetes 提供的自我修复、扩缩容或任何其他云原生功能。你将在接下来的几章中完成所有这些工作。

第 7 章　增加自我修复

在本章中，你将了解 Kubernetes 的 Deployment 对象，并用它让你的应用有弹性并演示自我修复。

本章的组织结构如下：

- Kubernetes 的 Deployment 的介绍；
- 从 Pod 故障中自我修复；
- 从工作节点故障中自我修复。

7.1 Kubernetes 的 Deployment 的介绍

在第 6 章中，你了解到 Kubernetes 使用一个专门的 Service 对象来为在 Pod 中运行的应用提供网络连接。它有另一个称为 Deployment 的专用对象，用于提供自我修复（self-healing）。事实上，Deployment 也可以实现扩缩容和滚动更新。

与 Pod 和 Service 对象一样，Deployment 对象也是在 YAML 清单文件中定义的。

图 7-1 显示了一个 Deployment 清单文件。它被做了一些标记，展示了容器是如何嵌套在 Pod 中的，以及 Pod 是如何嵌套在 Deployment 中的。

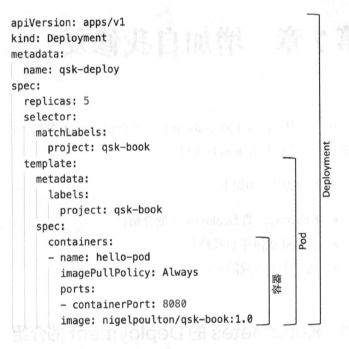

```
apiVersion: apps/v1
kind: Deployment
metadata:
  name: qsk-deploy
spec:
  replicas: 5
  selector:
    matchLabels:
      project: qsk-book
  template:
    metadata:
      labels:
        project: qsk-book
    spec:
      containers:
      - name: hello-pod
        imagePullPolicy: Always
        ports:
        - containerPort: 8080
        image: nigelpoulton/qsk-book:1.0
```

图 7-1

这种嵌套，或者说包装，对于理解一切是如何运作的非常重要。

- 容器提供操作系统和其他应用依赖。
- Pod 提供元数据和其他结构，以便容器在 Kubernetes 上运行。
- Deployment 提供云原生功能，包括自我修复。

Deployment 是如何工作的

有两个元素对 Deployment 的工作很重要：

- Deployment 对象；
- Deployment 控制器。

Deployment 对象是定义 Pod 和容器的 YAML 配置。它还定义了要部署多少个 Pod 副本等事项。

Deployment 控制器是一个运行在控制面板上的进程，它始终在监控集群，确保所有的 Deployment 对象都按规定运行。

考虑一个非常简单的例子。

假设你在 Kubernetes 的 Deployment 清单中定义了一个应用。它定义了名为 `zephyr-one` 的 Pod 的 5 个副本。你使用 `kubectl` 将其发送给 Kubernetes，Kubernetes 将 5 个 Pod 调度到集群上。

在这一点上，观察到的状态（observed state）与期望状态（desired state）一致。这是专业的说法，说的是集群正在运行你要求它运行的内容。但是，假设一个节点发生故障了，名为 `zephyr-one` 的 Pod 数量下降到 4 个。观察到的状态不再与期望状态相匹配，此时就出现了问题。

但不要紧张，Deployment 控制器监视着集群，并将看到这一变化。它知道你想要 5 个 Pod，但它只能观察到 4 个。因此，它将启动第 5 个 Pod，使观察到的状态重新与期望状态保持一致，这个过程对应的技术术语是和解（reconciliation），但我们经常称其为自我修复。

让我们通过实践看看它是如何工作的。

7.2 从Pod故障中自我修复

在本节中你将使用Kubernetes的Deployment部署一个Pod的5个副本。之后，你将手动删除一个Pod并看到Kubernetes自我修复。

你将使用本书的GitHub仓库根目录下的`deploy.yml`清单。正如下面的片段所示，它定义了5个Pod副本，运行你在前几章容器化的应用。下面的YAML文件带有注释，以帮助你理解它：

```
kind: Deployment           <<== 被定义的对象的类型
apiVersion: apps/v1        <<== 要部署的对象的版本
metadata:
  name: qsk-deploy
spec:
  replicas: 5              <<== 要部署多少个Pod副本
  selector:
    matchLabels:           <<== 告诉Deployment控制器
      project: qsk-book    <<== 管理哪些Pod
  template:
    metadata:
      labels:
        project: qsk-book <<== Pod标签
    spec:
      containers:
      - name: qsk-pod
        imagePullPolicy: Always   <<== 永远不使用本地镜像
        ports:
```

```
    - containerPort: 8080              <<== 网络端口
    image: nigelpoulton/qsk-book:1.0   <<== 要使用的镜像
```

术语 Pod、实例（instance）和副本（replica）这 3 个术语是指同一样东西——运行容器化应用的 Pod 实例。我通常使用“副本”。

检查已经在你的集群上运行的任何 Pod 和 Deployment：

```
$ kubectl get pods
No resources found in default namespace.

$ kubectl get deployments
No resources found in default namespace.
```

现在使用 `kubectl` 将 Deployment 部署到你的集群，从 `deploy.yml` 文件所在的文件夹中运行这个命令：

```
$ kubectl apply -f deploy.yml
deployment.apps/qsk-deploy created
```

检查它所管理的 Deployment 和 Pod 的状态：

```
$ kubectl get deployments
NAME          READY   UP-TO-DATE AVAILABLE  AGE
qsk-deploy    5/5     5          5          14s

$ kubectl get pods
```

```
NAME                  READY STATUS  RESTARTS AGE
qsk-deploy-84...5txzv  1/1  Running 0        36s
qsk-deploy-84...mbscc  1/1  Running 0        36s
qsk-deploy-84...mr4d8  1/1  Running 0        36s
qsk-deploy-84...nwr6z  1/1  Running 0        36s
qsk-deploy-84...whsnt  1/1  Running 0        36s
```

可以看到，5个副本都正在运行并准备就绪。Deployment控制器也运行在控制面板上，观察集群的状态。

Pod故障

Pod和它们运行的应用有可能崩溃或发生故障。Kubernetes可以通过启动一个新的Pod来替代失败的Pod，从而尝试自我修复这样的情况。

使用`kubectl delete pod`手动删除其中一个Pod。记得使用来自你的环境的Pod名称：

```
$ kubectl delete pod qsk-deploy-845b58bd85-5txzv
pod "qsk-deploy-845b58bd85-5txzv" deleted
```

一旦Pod被删除，集群上的Pod数量将下降到4，不再符合期望状态。Deployment控制器将注意到这一点，并自动启动一个新的Pod，使观察到的Pod数量恢复到5。

再次列出Pod，看看是否有一个新的Pod被启动：

```
$ kubectl get pods
```

```
NAME                          READY  STATUS   RESTARTS  AGE
qsk-deploy-845b58bd85-2dx4s   1/1    Running  0         29s
qsk-deploy-845b58bd85-mbscc   1/1    Running  0         3m11s
qsk-deploy-845b58bd85-mr4d8   1/1    Running  0         3m11s
qsk-deploy-845b58bd85-nwr6z   1/1    Running  0         3m11s
qsk-deploy-845b58bd85-whsnt   1/1    Running  0         3m11s
```

注意，上面列表中的最后一个 Pod 只运行了 29 秒。这是 Kubernetes 为了和解期望状态而启动的替代 Pod。

可以看到，有 5 个 Pod 正在运行，Kubernetes 不需要你的帮助就完成了自我修复。

让我们看看 Kubernetes 是如何处理工作节点故障的。

7.3 从工作节点故障中自我修复

当一个工作节点发生故障时，它上面运行的任何 Pod 都会丢失。如果这些 Pod 是由一个控制器（如 Deployment）管理的，那么替代 Pod 将在集群中其他存活的工作节点上启动。

如果你的集群是在实现了节点池的云上，发生故障的工作节点也可能被替换。这不是 Kubernetes 的 Deployment 的功能——Deployment 只是监视和管理 Pod。

只有当你有一个多节点集群，并且有能力删除工作节点时，你才能跟着本节的步骤往下进行。如果你在 Linode Kubernetes Engine 上构建了一个多节点集群，如第 4 章所述，你可以跟着做。如果你使用的是一个单节点的Docker Desktop集群，你就只能干读了。

下面的命令列出了你集群上的所有Pod以及每个Pod运行的工作节点（该命令的输出已被修剪以适应本书的内容）：

```
$ kubectl get pods -o wide
NAME          READY   STATUS     <Snip>   NODE
qsk...2dx4s   1/1     Running    ...      lke...98
qsk...mbscc   1/1     Running    ...      lke...98
qsk...mr4d8   1/1     Running    ...      lke...1a
qsk...nwr6z   1/1     Running    ...      lke...1a
qsk...whsnt   1/1     Running    ...      lke...1a
```

看看这两个工作节点是如何运行多个Pod的。下一步将删除一个工作节点并删除它上面运行的所有 Pod。这个例子将删除lke...98工作节点。

下面的过程演示了如何在Linode Kubernetes Engines（LKE）上删除一个工作节点。以这种方式删除一个工作节点可以模拟节点突然发生故障。如果你运行在不同的云上，这个过程将是不一样的。

（1）在Linode Cloud Console中查看你的LKE集群。

（2）向下滚动到Node Pools。

（3）点击你的一个节点，进入该节点。

（4）点击图7-2中3个点的按钮，删除该节点。

验证节点是否已被删除。如果你过了太长时间才运行这一命令，LKE将替换已删除的节点。丢失的节点可能需要一两分钟才能显示在命令输出中。

```
$ kubectl get nodes
NAME        STATUS     ROLES    AGE   VERSION
lke...1a    Ready      <none>   3d1h  v1.26.0
lke...98    NotReady            3d1h  v1.26.0
```

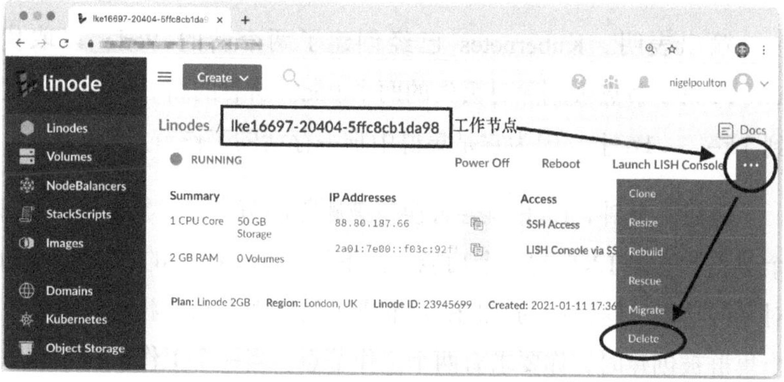

图 7-2

一旦 Kubernetes 发现该工作节点尚未就绪（NotReady），它也会注意到缺少的 Pod，并创建替换。验证一下吧，替换的 Pod 可能需要几秒才能达到运行状态。

```
$ kubectl get pods
NAME          READY   STATUS              <Snip>   NODE
qsk...mr4d8   1/1     Running             ...      lke...1a
qsk...nwr6z   1/1     Running             ...      lke...1a
qsk...whsnt   1/1     Running             ...      lke...1a
qsk...6bqmk   0/1     ContainerCreating   ...      lke...1a
```

```
qsk...ps9nt   0/1     ContainerCreating   ...      lke...1a

<short time lapse>

$ kubectl get deployments
NAME          READY   UP-TO-DATE    AVAILABLE   AGE
qsk-deploy    5/5     5             5           38m
```

输出表明，Kubernetes 已经创建了两个新的 Pod，以取代 lke...98 节点被删除时丢失的两个 Pod。所有的新 Pod 都被调度到 lke...1a 上，因为它是集群中唯一存活的工作节点。

再过几分钟，LKE 就会替换掉被删除的节点，使集群恢复到 2 个节点。这是 LKE 的一个功能，而不是 Kubernetes 的 Deployment 对象的功能。这是因为 LKE 对节点池的实现有期望状态的概念。当集群被创建时，你要求有两个工作节点。当一个工作节点被删除时，LKE 注意到了状态的变化，并向集群添加了一个新工作节点，以使观察到的状态回到与期望状态一致。

虽然你的集群回到了两个工作节点，但 Kubernetes 不会在两个工作节点间重新平衡既有的 Pod。因此，你会得到一个双节点集群，但所有 5 个 Pod 都运行在单个节点上。

7.4 小结

在本章中，你了解到 Kubernetes 有一个叫 Deployment 的对象，它实现了几个云原生功能。Deployment 控制器运行在控制面板上，确保集群的当前被观察的状态与你要求的一致。

你还看到了 Deployment 是如何包装 Pod spec 的，Pod spec 是如何包装容器的，而容器又是如何包装应用及其依赖的。

你使用 `kubectl` 通过 Deployment 对象部署应用，并测试了自我修复。你手动删除了一个 Pod 和一个工作节点，并监视 Kubernetes 替换任意丢失的 Pod。

Linode Kubernetes Engine 还替换了被删除/破坏的工作节点。这不是 Kubernetes 的 Deployment 的功能，其他云平台也支持属于节点池的节点的自我修复。

第 8 章　应用扩缩容

在本章中，你将使用一些方法对应用进行扩缩容。你将使用的方法是手动的，需要人去实现。在真实世界中，Kubernetes 有一个单独的对象，称为 Horizontal Pod Autoscaler（HPA），用于自动扩缩容。不过，这已经超出了快速入门书的范围。

扩缩容的单位是 Pod，因此扩容将增加 Pod 副本，而缩容将删除 Pod 副本。

本章将分成以下几部分：

- 前提条件；
- 应用扩容；
- 应用缩容。

8.1　前提条件

如果你一直跟着步骤做，你会有一个 Kubernetes 集群，这个集群运行着一个 Deployment，当前正在管理一个简单容器化 Web 应用的 5 个副本，那么你可以直接跳到 8.2 节。

如果你没有跟着做，要运行以下命令将容器化的应用的 5 个副本部署到你的集群中（要确保从 deploy.yml 文件所在的目录中运行该命令）：

```
$ kubectl apply -f deploy.yml
deployment.apps/qsk-deploy created
```

运行 kubectl get deployments 命令以确保应用正在运行：

```
$ kubectl get deployments
NAME         READY    UP-TO-DATE    AVAILABLE    AGE
qsk-deploy   5/5      5             5            16h
```

一旦所有 5 个副本都启动并运行，你就可以进入 8.2 节。

8.2　应用扩容

在本节中，你将手动编辑 Deployment YAML 文件，将副本的数量增加到 10 个，并重新将其发送给 Kubernetes。

检查当前的副本数量：

```
$ kubectl get deployment qsk-deploy
NAME          READY   UP-TO-DATE   AVAILABLE   AGE
qsk-deploy    5/5     5            5           16h
```

编辑 deploy.yml 文件，将 spec.replicas 字段设置为 10，并保存修改：

```
apiVersion: apps/v1
kind: Deployment
metadata:
  name: qsk-deploy
spec:
  replicas: 5           <<== 将这里改成 10
  selector:
    matchLabels:
      project: qsk-book
<Snip>
```

使用 kubectl 将更新的文件重新发送给 Kubernetes。当 Kubernetes 收到该文件时，它将把期望状态从 5 个副本改为 10 个。Deployment 控制器将观察集群上的 5 个副本，并注意到它不符合新的期望状态。它将调度 5 个新副本，使观察到的状态与期望状态一致。

要确保你已经保存了修改：

```
$ kubectl apply -f deploy.yml
deployment.apps/qsk-deploy configured
```

运行几个命令来检查 Deployment 的状态和正被管理的 Pod 的数量：

```
$ kubectl get deployment qsk-deploy
NAME        READY     UP-TO-DATE    AVAILABLE    AGE
```

```
qsk-deploy  10/10       10          10          16h

$ kubectl get pods
NAME                            READY   STATUS    RESTARTS   AGE
qsk-deploy-845b58bd85-2dx4s     1/1     Running   0          16h
qsk-deploy-845b58bd85-5pls9     1/1     Running   0          25s
qsk-deploy-845b58bd85-5rfsj     1/1     Running   0          25s
qsk-deploy-845b58bd85-66hzd     1/1     Running   0          25s
qsk-deploy-845b58bd85-ffn4t     1/1     Running   0          25s
qsk-deploy-845b58bd85-hjc5x     1/1     Running   0          25s
qsk-deploy-845b58bd85-mbscc     1/1     Running   0          16h
qsk-deploy-845b58bd85-mr4d8     1/1     Running   0          16h
qsk-deploy-845b58bd85-nwr6z     1/1     Running   0          16h
qsk-deploy-845b58bd85-whsnt     1/1     Running   0          16h
```

5 个新 Pod 可能需要几秒才能启动，但你可以根据它们的存活时间来很容易地识别它们。

如果你按照步骤做了第 7 章中的例子，5 个新 Pod 可能都会被安排在新节点上。这是因为 Kubernetes 有足够的智慧来调度新 Pod，使所有 10 个 Pod 在集群中的可用工作节点上得到平衡。

祝贺你！你已经手动将你的应用从 5 个副本扩展到 10 个。你使用的这种方法被称为*声明式方法*，因为你在 YAML 清单文件中声明了一个新的期望状态，并使用该文件更新集群。

8.3 应用缩容

在本节中，你将使用 `kubectl scale` 命令将 Pod 的数量缩减回 5 个。这种方法被称为命令式方法，不像声明式方法那样常见，在声明式方法中，是通过更新 YAML 文件并将其重新发送给 Kubernetes 来进行所有配置更改。

运行下面的命令：

```
$ kubectl scale --replicas 5 deployment/qsk-deploy
deployment.apps/qsk-deploy scaled
```

检查 Pod 的数量（一如既往，可能需要等几秒后，被删除的 Pod 才会终止，进而让集群的状态稳定下来）：

```
$ kubectl get pods
NAME                          READY   STATUS    RESTARTS   AGE
qsk-deploy-845b58bd85-2dx4s   1/1     Running   0          16h
qsk-deploy-845b58bd85-mbscc   1/1     Running   0          16h
qsk-deploy-845b58bd85-mr4d8   1/1     Running   0          16h
qsk-deploy-845b58bd85-nwr6z   1/1     Running   0          16h
qsk-deploy-845b58bd85-whsnt   1/1     Running   0          16h
```

祝贺你！你已经手动将应用缩减到 5 个副本。

8.4 再谈标记

本书前面说过，Kubernetes 的 Service 对象使用标记和标记选择器的组合来决定将流量定位到集群中的哪些 Pod。当 Kubernetes 对应用进行扩容时，它会增加带同样标记的 Pod，从而确保这些新增加的 Pod 将收到来自 Service 的流量。此外，当通过删除 Pod 对应用进行缩容时，Kubernetes 观察到这些被删除的 Pod，Service 停止向它们发送流量。

8.5 重要的清理工作

用 kubectl scale 命令式地完成扩缩容操作会很危险。

如果你一直跟着步骤做，此时你应该有 5 个副本在集群上运行。然而，deploy.yml 配置文件仍然定义了 10 个。如果以后你编辑 deploy.yml 文件，指定一个容器镜像被更新过的版本，并重新发送给 Kubernetes，你也会将副本的数量增加到 10。这可能不是你想要的。在真实世界中，你应该非常小心这一点，因为它可能会导致重大问题。

考虑到这一点，一般来说，好的做法是只通过更新 YAML 文件并重新发送给 Kubernetes 来声明式地完成更新。

编辑 deploy.yml 文件，将副本的数量设置为 5，并保存修改。现在它就与部署到你的集群的内容相匹配了。

8.6 小结

在本章中，你学习了如何通过编辑 YAML 文件来手动地为 Deployment 扩缩容。你还了解了用 kubectl scale 命令完成扩缩容操作的可能，但这并不是推荐的方法。

你看到 Kubernetes 试图在所有集群节点上平衡新的 Pod，还了解到 Kubernetes 有另一种对象可以根据需要自动扩缩 Pod 数量。

第 9 章　执行滚动更新

在本章中，你将对前几章中部署的应用完成零停机时间滚动更新。如果你不确定滚动更新是什么，你马上就会知道了。

本章将划分为：

- 前提条件；
- 部署更新。

本章的所有步骤都可以在第 4 章中展示的 Docker Desktop 和 Linode Kubernetes Engine（LKE）集群上完成。你也可以使用其他 Kubernetes 集群。

9.1　前提条件

如果前几章你一直跟着书中的步骤做，可以直接跳到 9.2 节。

如果你没有一直跟着做，要按照以下步骤来设置你的实验环境。

（1）获取一个 Kubernetes 集群并配置 `kubectl`（见第 3 章）。

（2）克隆本书的 GitHub 仓库（见第 5 章）。

（3）用下面的命令部署示例应用和 Service。

以下命令需要从包含 YAML 文件的克隆文件夹中执行。

Docker Desktop/本地集群示例如下：

```
$ kubectl apply -f deploy.yml -f svc-local.yml
deployment.apps/qsk-deploy created
service/svc-local created
```

Linode Kubernetes Engine（LKE）/云集群示例如下：

```
$ kubectl apply -f deploy.yml -f svc-cloud.yml
deployment.apps/qsk-deploy created
service/cloud-lb created
```

运行 `kubectl get deployments` 和 `kubectl get svc` 命令以确保应用和 Service 正在运行：

```
$ kubectl get deployments
NAME        READY  UP-TO-DATE  AVAILABLE  AGE
qsk-deploy  5/5    5           5          16s

$ kubectl get svc
NAME      TYPE     CLUSTER-IP    EXTERNAL-IP PORT(S)         AGE
svc-local NodePort 10.96.253.99  <none>      8080:31111/TCP  67s
```

5 个 Pod 全部就绪可能需要一分钟，一旦就绪，你就可以进入 9.2 节。

9.2 部署更新

应用正在以 5 个副本运行。你可以用 `kubectl get deploy` 验证这一点。

你将配置一个滚动更新，迫使 Kubernetes 以有条不紊的方式每次更新 1 个副本，直到 5 个副本都运行新版本。Kubernetes 提供了很多选择来控制更新发生的方式，但我尽量简单，你可以自行探索更高级的做法。

要将更新推送给应用，需要执行很多基本步骤。在这些基本步骤中，有一些已替你完成，其他的则由你自己来完成。

下面是已替你完成的步骤。

（1）编写新版本的应用。

（2）为新版本应用构建新的容器镜像。

（3）将新的容器镜像推送到容器仓库。

你将完成以下步骤。

（1）编辑 `deploy.yml` 文件，指定一个新版本镜像并配置更新设置。

（2）重新将 YAML 文件发送给 Kubernetes。

（3）观察这个更新过程。

（4）测试新版本。

9.2.1 编辑 Deployment YAML 文件

打开 deploy.yml 文件，修改最后一行（第 26 行）以引用 1.1 版本的镜像。如果你前面使用的是自己已推送到仓库的镜像，必须修改整个第 26 行，使其引用我的仓库（nigelpoulton）。

同时添加 6 行代码（第 10 ~ 15 行），代码清单如下：

```
1 apiVersion: apps/v1
2 kind: Deployment
3 metadata:
4   name: qsk-deploy
5 spec:
6   replicas: 5
7   selector:
8     matchLabels:
9       project: qsk-book
10  minReadySeconds: 20              <<== 添加这一行
11  strategy:                        <<== 添加这一行
12    type: RollingUpdate            <<== 添加这一行
13    rollingUpdate:                 <<== 添加这一行
14      maxSurge: 1                  <<== 添加这一行
15      maxUnavailable: 0            <<== 添加这一行
16  template:
17    metadata:
18      labels:
19        project: qsk-book
```

```
spec:
  containers:
  - name: hello-pod
    imagePullPolicy: Always
    ports:
    - containerPort: 8080
    image: nigelpoulton/qsk-book:1.1 <<== 设置为 1.1
```

我们稍后会解释这些新添加的代码的作用，现在先说关于更新的几个要点。

YAML 非常注重缩进的正确性。因此，要确保你要添加的每一行代码中都缩进了正确的**空格数**。另外，该文件使用空格**而不是制表符**来缩进。你不能在同一个文件中混合匹配制表符和空格，所以你**必须使用空格而不要用制表符**。

Kubernetes 对驼峰命名法（camelCase）和帕斯卡命名法（PascalCase）的使用也很严格。要确保你对所有文本使用了正确的大小写。

如果你在编辑该文件时遇到问题，本书的 GitHub 仓库中有一个预先完成的版本，文件名为 `rolling-update.yml`，你可以用它来代替。

一定要保存你的修改。

9.2.2 了解更新设置

下一步是将更新的文件发送给 Kubernetes。但先让我解释一下你添加的这几行代码将做什么：

```
10 minReadySeconds: 20
11 strategy:
12   type: RollingUpdate
13   rollingUpdate:
14     maxSurge: 1
15     maxUnavailable: 0
```

第10行中的`minReadySeconds`告诉Kubernetes在更新每个副本后要等待20秒。也就是说，Kubernetes将先更新第一个副本，等待20秒；更新第二个副本，等待20秒；更新第三个……如此往复。

这样的间隔等待让你有机会运行测试，确保新副本按预期工作。在实际情况中，在两个副本更新之间你可能会等待超过20秒。

另外，Kubernetes实际上没有*更新*副本，它所做的是删除现有的副本，并用一个运行新版本的全新副本来代替它们。

第11行和第12行强制Kubernetes以*滚动更新*的方式执行对此Deployment的所有更新。

第14行和第15行强制Kubernetes一次更新一个Pod，运行机制是：第14行中`maxSurge=1`允许Kubernetes在更新操作中增加一个额外的Pod，期望状态需要5个Pod，所以Kubernetes可以在更新期间将其增加到6个；第15行中`maxUnavailable=0`防止Kubernetes在更新期间减少Pod的数量，期望状态还是需要5个Pod，所以Kubernetes不允许比这更少。结合起来，第14行和第15

行迫使Kubernetes删除运行旧版本的副本的同时增加运行新版本的第六个副本。这个过程一直重复，直到5个副本全都在运行需要的版本。

9.2.3 完成滚动更新

确保你已经保存了修改，并将更新过的配置发送给Kubernetes：

```
$ kubectl apply -f deploy.yml
deployment.apps/qsk-deploy configured
```

Kubernetes 现在将开始替换 Pod，每次替换一个，每次替换之间有 20 秒的等待时间。

9.2.4 监控和检查滚动更新

你可以用以下命令监控工作的进展（为适应页面大小，只截取了部分输出）：

```
$ kubectl rollout status deployment qsk-deploy
Waiting for rollout to finish: 1 out of 5 have been updated...
Waiting for rollout to finish: 1 out of 5 have been updated...
Waiting for rollout to finish: 2 out of 5 have been updated...
Waiting for rollout to finish: 2 out of 5 have been updated...
Waiting for rollout to finish: 3 out of 5 have been updated...
Waiting for rollout to finish: 3 out of 5 have been updated...
Waiting for rollout to finish: 4 out of 5 have been updated...
Waiting for rollout to finish: 4 out of 5 have been updated...
```

```
Waiting for rollout to finish: 2 old replicas are pending termination...
Waiting for rollout to finish: 1 old replicas are pending termination...
deployment "qsk-deploy" successfully rolled out
```

你也可以将你的网络浏览器指向该应用，并不断刷新页面。你的一些请求可能会返回应用的原始版本，另一些请求可能会返回新版本。一旦所有 5 个副本全都是最新的，所有的请求都会返回新版本，如图 9-1 所示。

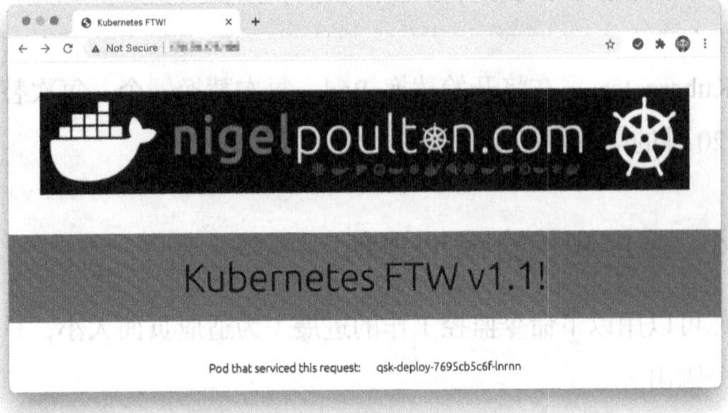

图 9-1

祝贺你！你已经成功完成一款应用的滚动更新。

9.3 清理工作

下面的命令演示了如何从你的集群中删除 Deployment 和 Service（要确保为你的集群使用正确的 Service 名称）：

```
$ kubectl delete deployment qsk-deploy
deployment.apps "qsk-deploy" deleted
```

如果你正在运行本地集群，如 Docker Desktop，运行下面的命令来删除本地 Service：

```
$ kubectl delete svc svc-local
service "svc-local" deleted
```

如果你的集群在云上，运行下面的命令来删除云负载均衡器 Service：

```
$ kubectl delete svc cloud-lb
service "cloud-lb" deleted
```

如果你的集群在云上，**当你不再需要集群的时候，一定要删除它。**不这样做将产生不必要的费用。

9.4 小结

在本章中，你学习了如何对通过 Kubernetes 的 Deployment 对象部署的应用完成滚动更新。

你编辑了部署 YAML 文件，并添加了控制滚动更新流程的指令。你还更新了应用镜像的版本，并将更新后的配置发送给 Kubernetes。最后，你还监控并验证了这一操作。

第 10 章　下一阶段的学习

祝贺你读完了这本书，我真的希望你能喜欢这本书。

如果你读完了这本书，并跟着完成了书中的例子，那么你已经掌握了基础知识，可以准备进行下一阶段的学习。

这里是一些对下一阶段学习的建议。是的，我推荐了一堆我自己的东西。但事实是：

- 如果你喜欢这本书，你也会喜欢我的其他东西；
- 我超级忙，没有机会阅读和测试其他人的东西。

当然，如果你不喜欢这本书，我会感觉很遗憾，你可能也不会喜欢我的其他作品。如果真是这样，我期望你能随时通过邮件与我联系，告诉我你不喜欢的地方。

10.1　视频课程

我是视频课程的超级粉丝，通过视频解释事情要容易得多，也更有趣。

我推荐以下这些课程，这两个平台通常都有优惠，你可以先试后买。

- Docker and Kubernetes: The Big Picture（Pluralsight 官方网站）。
- Certified Kubernetes Application Developer（CKAD）系列（Pluralsight 官方网站）。
- Getting Started with Docker（Pluralsight 官方网站）。
- Getting Started with Kubernetes（Pluralsight 官方网站）。
- Kubernetes Deep Dive（A Cloud Guru 官方网站）。

你可以在我的个人网站上看到我的所有视频课程的清单。

10.2 其他图书

《Kubernetes 修炼手册》在亚马逊上经常被列为畅销书，是亚马逊上所有关于 Kubernetes 的书中星级最高的（如图 10-1 所示）。

图 10-1

《Kubernetes 修炼手册》的写作风格与本书相同，但涵盖的内容更多、更详细。它每年都会更新，所以如果你买了它，你就知道你得到的是最新和最棒的。《Kubernetes 修炼手册》还有一个音频版本，听众的反馈很不错。

10.3 社区活动

我是社区活动的超级粉丝。我更喜欢现场活动。不过，在过去一两年里，我们也有一些不错的直播活动。

我最喜欢的现场活动是 KubeCon，如果你能参加，我强烈建议你参加。你会遇到很棒的人，并从大会中学到很多东西。

我也推荐本地的社区聚会。只要用搜索引擎搜索一下，你就能找到你所在的地方的聚会。

10.4 建立联系

我对技术很感兴趣，我喜欢与读者联系。虽然我不能提供免费的技术支持，但如果你在基础知识方面卡住了，我很乐意帮忙。请不要害怕接触和联系，我是一个很好的人。

欢迎你随时通过推特、领英或者我的个人网站联系我。

10.5 友情评价

如果你能在亚马逊上给这本书留下评论和星级评价，我将万分感激。在有些情况下，即便你是从其他地方购买的这本书，也可以在亚马逊上留下评论。

祝你在 Kubernetes 学习之旅中玩得开心！

附录　实验代码

本附录包含了书中所有的实验练习，按顺序排列。它假定你已经有一个 Kubernetes 集群，安装了 Docker，安装了 `git`，并配置了 `kubectl` 来与你的集群交互。

我编写本附录的目的是让你更容易通过本附录进行额外的实践练习。如果你想记住某个特定的命令或例子，但不记得是哪一章的内容，它也很有用。

第 5 章的实验代码

克隆本书的 GitHub 仓库：

```
$ git clone https://github.com/nigelpoulton/qsk-book.git
Cloning into 'qsk-book'...
```

进入 `qsk-book/App` 目录，运行 `ls` 命令，列出其内容：

```
$ cd qsk-book/App
```

```
$ ls
Dockerfile     app.js     bootstrap.css
package.json   views
```

运行下面的命令，将应用构建到一个容器镜像中（你必须在App目录下运行该命令。如果你有 Docker Hub 账户，确保使用你自己的 Docker 账户 ID）：

```
$ docker image build -t nigelpoulton/qsk-book:1.0 .

[+] Building 66.9s (7/7) FINISHED                    0.1s
<Snip>
=> naming to docker.io/nigelpoulton/qsk-book:1.0     0.0s
```

验证新创建的镜像在你的本地机器上：

```
$ docker image ls
REPOSITORY             TAG  IMAGE ID      CREATED         SIZE
nigelpoulton/qsk-book  1.0  c5f4c6f43da5  19 seconds ago  84MB
```

将镜像推送到 Docker Hub（这个步骤只在你有 Docker 账户的情况下才会起作用。记住要替换成你的 Docker 账户 ID）：

```
$ docker image push nigelpoulton/qsk-book:1.0

The push refers to repository [docker.io/nigelpoulton/qsk-book]
05a49feb9814: Pushed
66443c37f4d4: Pushed
```

```
101dc6329845: Pushed
dc8a57695d7b: Pushed
7466fca84fd0: Pushed
<Snip>
c5f4c6f43da5: Pushed
1.0: digest: sha256:c5f4c6f43da5f0a...aee06961408 size: 1787
```

第 6 章的实验代码

列出你的 Kubernetes 集群中的工作节点：

```
$ kubectl get nodes
NAME                           STATUS   ROLES    AGE    VERSION
lke16405-20053-5ff63e4400b7    Ready    <none>   55m    v1.26.0
lke16405-20053-5ff63e446413    Ready    <none>   55m    v1.26.0
```

下面的命令需要在本书的 GitHub 仓库根目录下运行。如果你目前在 App 目录下，需要运行 cd.. 命令来回溯到上一级。

部署 pod.yml 中定义的应用：

```
$ kubectl apply -f pod.yml
pod/first-pod created
```

检查 Pod 是否正在运行：

```
$ kubectl get pods
```

```
NAME        READY    STATUS      RESTARTS   AGE
first-pod   1/1      Running     0          10s
```

获取有关运行中的 Pod 的详细信息（这里只截取了部分输出）:

```
$ kubectl describe pod first-pod
```

```
Name:            first-pod
Namespace:       default
Node:            docker-desktop/192.168.65.3
Labels:          project=qsk-book
Status:          Running
IPs:
  IP: 10.1.0.11
<Snip>
```

部署 Service（如果你在你的笔记本电脑上运行一个集群，使用 svc-local.yml；如果你的集群在云上，则使用 svc-cloud.yml）:

```
$ kubectl apply -f svc-cloud.yml'
service/cloud-lb created
```

检查 Service 的外部 IP（公共 IP）（你的 Service 只有在云上运行时才会有一个外部 IP）:

```
$ kubectl get svc
NAME      TYPE           CLUSTER-IP      EXTERNAL-IP     PORT(S)
cloud-lb  LoadBalancer   10.128.29.224   212.71.236.112  80:30956/TCP
```

将浏览器指向 EXTERAL-IP 列中给出的 IP。如果你在笔记本电脑上运行集群，要将浏览器指向 localhost:33111。详细信息参见第 6 章。

运行以下命令来删除 Pod 和 Service：

```
$ kubectl delete pod first-pod
pod "first-pod" deleted
```

如果你的集群在云上，使用云负载均衡器 Service，运行下面这个命令删除该 Service：

```
$ kubectl delete svc cloud-lb
service "cloud-lb" deleted
```

如果你的集群在本地笔记本电脑上，使用本地 Service，运行下面这个命令删除该 Service：

```
$ kubectl delete svc svc-local
service "svc-local" deleted
```

第 7 章的实验代码

运行以下命令来部署 deploy.yml 中指定的应用（这将部署一个带有 5 个 Pod 副本的应用）：

```
$ kubectl apply -f deploy.yml
deployment.apps/qsk-deploy created
```

检查它所管理的 Deployment 和 Pod 的状态：

```
$ kubectl get deployments
NAME          READY   UP-TO-DATE   AVAILABLE   AGE
qsk-deploy    5/5     5            5           14s

$ kubectl get pods
NAME                       READY   STATUS    RESTARTS   AGE
qsk-deploy-84...5txzv      1/1     Running   0          36s
qsk-deploy-84...mbscc      1/1     Running   0          36s
qsk-deploy-84...mr4d8      1/1     Running   0          36s
qsk-deploy-84...nwr6z      1/1     Running   0          36s
qsk-deploy-84...whsnt      1/1     Running   0          36s
```

删除其中一个 Pod（你的 Pod 名字会有不同）：

```
$ kubectl delete pod qsk-deploy-845b58bd85-5txzv
pod "qsk-deploy-845b58bd85-5txzv" deleted
```

列出 Pod，看一下 Kubernetes 是否自动启动新的 Pod：

```
$ kubectl get pods
NAME                          READY   STATUS    RESTARTS   AGE
qsk-deploy-845b58bd85-2dx4s   1/1     Running   0          29s
qsk-deploy-845b58bd85-mbscc   1/1     Running   0          3m11s
qsk-deploy-845b58bd85-mr4d8   1/1     Running   0          3m11s
```

```
qsk-deploy-845b58bd85-nwr6z  1/1     Running   0          3m11s
qsk-deploy-845b58bd85-whsnt  1/1     Running   0          3m11s
```

新 Pod 的持续运行时间比其他 Pod 都短。

第 8 章的实验代码

编辑 deploy.yml 文件，将副本的数量从 5 个改为 10 个。保存你的修改。

重新发送 Deployment 到 Kubernetes：

```
$ kubectl apply -f deploy.yml
deployment.apps/qsk-deploy configured
```

检查 Deployment 的状态：

```
$ kubectl get deployment qsk-deploy
NAME         READY   UP-TO-DATE     AVAILABLE    AGE
qsk-deploy   10/10   10             10           16h
```

用 kubectl scale 为应用缩容：

```
$ kubectl scale --replicas 5 deployment/qsk-deploy deployment.
apps/qsk-deploy scaled
```

检查 Pod 的数量：

```
$ kubectl get pods
NAME                          READY   STATUS    RESTARTS   AGE
qsk-deploy-845b58bd85-2dx4s   1/1     Running   0          16h
qsk-deploy-845b58bd85-mbscc   1/1     Running   0          16h
qsk-deploy-845b58bd85-mr4d8   1/1     Running   0          16h
qsk-deploy-845b58bd85-nwr6z   1/1     Running   0          16h
qsk-deploy-845b58bd85-whsnt   1/1     Running   0          16h
```

编辑 deploy.yml 文件，将副本的数量设为 5，保存你的修改。

第 9 章的实验代码

编辑 deploy.yml 文件，将镜像版本从 1.0 改为 1.1。

在 spec 部分添加以下几行（参见 rolling-update.yml）：

```
minReadySeconds: 20
strategy:
  type: RollingUpdate
  rollingUpdate:
    maxSurge: 1
    maxUnavailable: 0
```

保存修改。

将更新后的 YAML 文件发送给 Kubernetes：

```
$ kubectl apply -f deploy.yml
deployment.apps/qsk-deploy configured
```

检查滚动更新的状态：

```
$ kubectl rollout status deployment qsk-deploy
Waiting to finish: 1 out of 5 new replicas have been updated...
Waiting to finish: 1 out of 5 new replicas have been updated...
Waiting to finish: 2 out of 5 new replicas have been updated...
<Snip>
```

下面的命令将通过删除 Deployment 和 Service 对象进行清理：

```
$ kubectl delete deployment qsk-deploy
deployment.apps "qsk-deploy" deleted
```

如果你的集群在云上，使用云负载均衡器 Service，运行下面这个命令删除该 Service：

```
$ kubectl delete svc cloud-lb
service "cloud-lb" deleted
```

如果你的集群在本地笔记本电脑上，使用本地 Service，运行下面这个命令删除该 Service：

```
$ kubectl delete svc svc-local
service "svc-local" deleted
```

如果你的 Kubernetes 运行在云上，用完后别忘了将其删除。

术语表

本术语表定义了本书中最常见的一些与 Kubernetes 相关的术语。这里只介绍书中用到的术语，如果需要更全面的关于 Kubernetes 的术语表，参见《Kubernetes 修炼手册》。

如果你认为我遗漏了什么重要的东西，请随时通过推特、领英或者我的个人网站联系我。

像往常一样，我知道有些人热衷于他们自己对技术术语的定义。我对此没有意见，我也没有说我的定义比其他人的更好——仅供参考。

术语	定义
API 服务器（API server）	Kubernetes 控制面板的一部分，在控制面板节点上运行。所有与 Kubernetes 的通信都通过 API 服务器进行。`kubectl` 命令和响应都通过 API 服务器进行
容器（container）	一个被打包到 Docker 或 Kubernetes 上运行的应用和依赖。作为应用，每个容器都是一个虚拟操作系统，有自己的进程树、文件系统、共享内存等

续表

术语	定义
云原生 （cloud-native）	这是一个很有意义的术语，对不同的人意味着不同的东西。我个人认为，如果一个应用能够自我修复、按需扩缩容、执行滚动更新和回滚，它就是云原生的。它们通常是微服务应用，在 Kubernetes 上运行
容器运行时 （container runtime）	在每个 Kubernetes 工作节点上运行的低层次软件，负责拉取容器镜像，并启动和停止容器。最著名的容器运行时是 Docker，然而，Containerd 是 Kubernetes 使用的最流行的容器运行时
控制器 （controller）	作为和解循环运行的控制面板进程，监控集群并做出必要的改变，使观察到的集群的状态与期望状态相匹配
控制面板节点 （control plane node）	运行控制面板服务的集群节点，它是 Kubernetes 集群的大脑。你应该部署 3 个或 5 个来实现高可用性
集群存储 （cluster store）	控制面板的功能，保存集群和应用的状态
Deployment	部署和管理一组无状态 Pod 的控制器。执行滚动更新和回滚，并能自我修复
期望状态 （desired state）	集群和应用应该是什么样子。例如，一个应用的期望状态可能是 5 个 xyz 容器的副本，均监听 8080/tcp 端口
K8s	Kubernetes 的简写方式。8 代替了 Kubernetes 中“K”和“s”之间的 8 个字符。发音为“kates”，这也是人们开玩笑说 Kubernetes 的女朋友叫 Kate 的原因

续表

术语	定义
kubectl	Kubernetes 命令行工具。向 API 服务器发送命令和更新，并且通过 API 服务器查询状态
kubelet	在每个集群节点上运行的主要的 Kubernetes 代理。它监视 API 服务器以获取新的工作分配并维护一个报告通道
标记（label）	应用于对象以进行分组的元数据。例如，Service 根据匹配的标记将流量发送给 Pod
清单文件（manifest file）	持有一个或多个 Kubernetes 对象的配置的 YAML 文件。例如，Service 清单文件通常是一个 YAML 文件，其中包含一个 Service 对象的配置。当你将清单文件发给 API 服务器时，其配置将被部署到集群中
微服务（microservice）	现代应用的一种设计模式。应用功能被分解成各自的小应用（微服务/容器），并通过 API 进行通信。它们一起工作，形成一个有用的应用
工作节点（worker node）	集群中运行用户应用的节点。必须运行 kubelet 进程和一个容器运行时
观察到的状态（observed state）	也被称为当前状态或实际状态，即集群和运行中的应用的最新状态
编排器（orchestrator）	一款用于部署和管理微服务应用的软件。Kubernetes 是基于容器的微服务应用事实上的编排器
Pod	一个轻量级包装器，使容器能够在 Kubernetes 上运行。在一个 YAML 文件中定义。在 Kubernetes 集群上部署的最小单位

续表

术语	定义
和解循环（reconciliation loop）	一个控制器进程，它通过 API 服务器监视集群的状态，确保观察到的状态与期望状态一致。Deployment 控制器就是作为一个和解循环在运行的
服务（Service）	“S”大写。Kubernetes 对象，为在 Pod 中运行的应用提供网络访问。可以与云平台整合并提供面向互联网的负载均衡器
YAML	另一种标记语言。Kubernetes 的配置文件是用这种配置语言编写的